W0260141

TABELLEN

DER BRUCHTEILFUNKTIONEN ZUM PLANCKSCHEN STRAHLUNGSGESETZ

VON

M. CZERNY

PHYSIKALISCHES INSTITUT
UNIVERSITÄT FRANKFURT A. M.

UND

A. WALTHER

INSTITUT F. PRAKT. MATHEMATIK
TECHNISCHE HOCHSCHULE DARMSTADT

MIT 8 ABBILDUNGEN

SPRINGER-VERLAG
BERLIN · GÖTTINGEN · HEIDELBERG
1961

TABLES

OF THE FRACTIONAL FUNCTIONS FOR THE PLANCK RADIATION LAW

BY

M. CZERNY AND A. WALTHER

PHYSIKALISCHES INSTITUT
UNIVERSITÄT FRANKFURT A. M.

INSTITUT F. PRAKT. MATHEMATIK
TECHNISCHE HOCHSCHULE DARMSTADT

WITH 8 FIGURES

SPRINGER-VERLAG
BERLIN · GÖTTINGEN · HEIDELBERG
1961

ISBN 978-3-642-47381-4 ISBN 978-3-642-47379-1 (eBook)
DOI 10.1007/978-3-642-47379-1

Softcover reprint of the hardcover 1st edition 1961

Vorwort

In Wissenschaft und Technik muß man öfters mit dem Planckschen Strahlungsgesetz zahlenmäßige Rechnungen durchführen. Das war bisher wegen der Form des Gesetzes sehr mühsam. Das vorliegende Buch enthält Tabellen, welche die Arbeit sehr erleichtern. Manche naheliegenden Fragen, die man bisher wegen rechnerischer Schwierigkeiten nicht angreifen konnte, lassen sich überhaupt erst jetzt rasch und ohne große Mühe beantworten.

Der einleitende Textteil ist nicht dazu bestimmt, die physikalische Bedeutung oder die Anwendungsmöglichkeit des Strahlungsgesetzes darzulegen, sondern setzt eine gewisse Vertrautheit des Lesers mit dem Gebiet voraus. Erläutert wird zunächst, welche Funktionen tabelliert sind. Im Vordergrunde steht dabei, Funktionen einer einzigen Veränderlichen zu gewinnen und Unabhängigkeit von physikalischen Konstanten zu erzielen, deren genaue Zahlenwerte noch nicht endgültig festliegen. Beispiele erläutern den Gebrauch der Funktionen und der Tabellen. Schließlich finden sich Hinweise, wie man beim Auftreten empirischer Funktionen die Tabellen zu graphischen und numerischen Verfahren heranziehen kann.

Die Anregung zu diesen Tabellierungen ergab sich aus einem von der Deutschen Glastechnischen Gesellschaft aufgeworfenen Problemkreis. Wir sind dieser Gesellschaft zu großem Dank für die Unterstützung der langwierigen Arbeiten verpflichtet.

Es fanden zunächst orientierende Arbeiten auf Tisch-Rechenmaschinen durch Frau Inge Franz geb. Möll statt. Die endgültige Berechnung der Tabellen erfolgte auf einer elektronischen Rechenanlage IBM 650, zu-

Preface

In many scientific and technical investigations it is necessary to perform numerical calculations with the Planck radiation law. Because of the form of the law, however, these calculations have until now been quite cumbersome. The tables presented in this book are intended to simplify greatly the work involved. As a result, a number of problems which until now could not be treated because of their computational difficulty can now be solved quickly and easily.

No attempt has been made to present the physical interpretation or the applicability of the radiation law in the following introductory text. It is assumed, rather, that the reader has some familiarity with the field. The first part of the text defines the functions which are tabulated; most significant is that these functions depend on only a single variable and are independent of the Planck law constants, whose numerical values have not yet been definitely established. Examples illustrate the utilization of these functions and of the tables. Finally it is shown how the tables may be applied to problems involving empirical functions, using graphical and numerical methods.

Research work for the Deutsche Glastechnische Gesellschaft suggested the usefulness of these tables. We owe special thanks to the Gesellschaft for its support of the time consuming project.

Preliminary work on the tables was carried out by Mrs. Inge Möll-Franz, using a desk calculator. The final computation of the tables was performed on an electronic digital computer, IBM 650, in the summer of 1956 at the Computa-

nächst im Sommer 1956 im Rechenzentrum der IBM Deutschland in Sindelfingen durch H. Schappert, später im Institut für Praktische Mathematik (IPM) der Technischen Hochschule Darmstadt durch H. Schappert und G. Hund.

Die englische Übersetzung besorgten P. G. Neumann und H. v. Falkenhausen, die auch bei der Gestaltung des deutschen Textes wertvolle Hilfe leisteten. Für die freundliche Durchsicht des englischen Textes sei Herrn Dr. M. Francis an dieser Stelle gedankt.

Dem Springer-Verlag danken wir für das bereitwillige Eingehen auf unsere Wünsche und die schöne Ausstattung des Buches.

tion Center of IBM Deutschland at Sindelfingen by H. Schappert, later at the Institut für Praktische Mathematik (IPM), Technische Hochschule Darmstadt, by H. Schappert and G. Hund.

P. G. Neumann and H. v. Falkenhausen translated the German text into English, and rendered valuable assistance in bringing the German version into its final form. Thanks are given to Dr. M. Francis for having kindly read through the English text.

The Springer-Verlag readily realized our suggestions and gave much attention to the nice layout of the book. We gratefully acknowledge this assistance.

Inhaltsverzeichnis

Table of Contents

I. Die Bedeutung der tabellierten Funktionen

Im Planckschen Strahlungsgesetz tritt der Ausdruck

$$2c_1 \frac{\lambda^{-5}}{e^{\frac{c_2}{\lambda T}} - 1} = E(\lambda, T) \tag{1}$$

auf. Er soll im folgenden die „*Plancksche Funktion*" genannt werden. Hierbei bedeutet T die Temperatur eines „schwarzen Strahlers", ausgedrückt in absoluten Temperatur-Graden, λ die Wellenlänge in der emittierten Strahlung, schließlich sind c_1 und c_2 die beiden Konstanten des Strahlungsgesetzes.

Numerische Rechnungen mit der Planckschen Funktion lassen sich mit den üblichen mathematischen Hilfsmitteln durchführen, stellen aber eine lästige Rechenarbeit dar. Ernstere Schwierigkeiten treten auf, wenn die Plancksche Funktion über einen endlichen Wellenlängen-Bereich integriert werden soll, da diese Integration in geschlossener mathematischer Form nicht durchführbar ist. Nur bei Erstreckung über den gesamten Wellenlängen-Bereich gelingt sie und führt bekanntlich auf die mathematisch einfache Form des Stefan-Boltzmannschen Gesetzes.

Das Integral über die Plancksche Funktion, erstreckt von der Wellenlänge $\lambda_1 = 0$ bis zu irgend einer bestimmten Wellenlänge $\lambda_2 = \lambda$, möge im folgenden als „*Plancksches Integral*" bezeichnet und in der Form geschrieben werden*:

I. The significance of the tabulated functions

The expression (1) is found in the "*Planck radiation law*", and is here called the "*Planck function*". The variable T represents the absolute temperature of a radiating black body, and λ represents the wavelength in the emitted radiation; c_1 and c_2 are the two constants of the radiation law.

Numerical calculations with the Planck function may of course be carried out with the usual mathematical tools, but require cumbersome calculations. Serious difficulties arise, however, if the Planck function is to be integrated over a finite wavelength interval, since this integration cannot be carried out in closed mathematical form. A closed form representation is possible only if the integration is extended over the entire wavelength interval, leading to the mathematically simple form of the Stefan-Boltzmann law.

The integral of the Planck function over a finite wavelength interval from $\lambda_1 = 0$ to any particular wavelength $\lambda_2 = \lambda$ is designated as the "*Planck integral*"*

$$\Phi(\lambda, T) = 2c_1 \int_{\lambda_1=0}^{\lambda_2=\lambda} \frac{\lambda^{-5}}{e^{\frac{c_2}{\lambda T}} - 1}\, d\lambda = \int_{\lambda_1=0}^{\lambda_2=\lambda} E(\lambda, T)\, d\lambda\,. \tag{2}$$

Schließlich treten noch, wenn auch seltener, die folgenden drei aus der

Finally, the following three expressions derived from the Planck

* Hierbei ist der Buchstabe λ sowohl als Integrationsveränderliche wie auch als obere Grenze benutzt. Nach Wunsch mag man für die Integrationsveränderliche einen anderen Buchstaben nehmen.

* The letter λ is used both as the variable of integration and as the upper limit. It is of course also possible to introduce another symbol instead of λ as the variable of integration.

Planckschen Funktion hergeleiteten Ausdrücke auf:

function also occur, although somewhat less frequently:

$$\frac{\partial}{\partial \lambda} E(\lambda, T) \tag{3}$$

$$\int_{\lambda_1=0}^{\lambda_2=\lambda} \frac{\partial}{\partial T} E(\lambda, T)\, d\lambda \tag{4}$$

$$\frac{\partial}{\partial T} E(\lambda, T)\,. \tag{5}$$

Die im folgenden gebrachten Tabellen sollen das numerische Rechnen mit den Ausdrücken (1) bis (5) erleichtern.

Die fünf Ausdrücke selbst zu tabellieren stößt auf zwei Schwierigkeiten: Erstens ist die Tabellierung von Funktionen zweier Variabler, hier λ und T, immer aufwendig, zweitens enthalten alle fünf Ausdrücke die beiden physikalischen Konstanten c_1 und c_2. Deren Zahlenwerte ändern sich auf Grund neuer Untersuchungen immer noch etwas. Diesem Umstand können Tabellen mit festgelegten Werten von c_1 und c_2 keine Rechnung tragen.

Beide Schwierigkeiten werden behoben, wenn man die dimensionslose neue Veränderliche v einführt:

The tables in this volume are intended to simplify numerical calculations with the expressions (1) to (5).

Two difficulties arise in tabulating these five expressions: first the tabulation of a function of two variables — here λ and T — is always cumbersome, and second, all five expressions contain the physical constants c_1 and c_2. The values of c_1 and c_2 have not yet been definitely established, and hence the accuracy of any such tabulation would be dependent on the choice of the values of the constants.

Both difficulties are removed by the introduction of a new dimensionless variable v:

$$v = \frac{\lambda T}{c_2} \quad \text{mit / with} \quad 0 \leqq v \leqq \infty\,. \tag{6}$$

Dann zerlegen sich nämlich die fünf Ausdrücke in Produkte aus Konstanten, Potenzen von T und gewissen Hilfsfunktionen. Diese Hilfsfunktionen hängen nur von v ab, sind selbst reine Zahlen und daher zur Tabellierung gut geeignet. Die Zerlegungen heißen:

The five expressions then become products of constants, powers of T, and certain special functions. The latter functions are seen to depend solely on the variable v and to take on dimensionless values; they are therefore well suited for tabulation. The resulting expressions are:

$$\int_{\lambda_1=0}^{\lambda_2=\lambda} E(\lambda, T)\, d\lambda = \frac{\sigma}{\pi} T^4 B(v)\,, \tag{7}$$

$$E(\lambda, T) = \frac{\sigma}{\pi c_2} T^5 B'(v)\,, \tag{8}$$

$$\frac{\partial}{\partial \lambda} E(\lambda, T) = \frac{\sigma}{\pi c_2^2} T^6 B''(v)\,, \tag{9}$$

$$\int_{\lambda_1=0}^{\lambda_2=\lambda} \frac{\partial}{\partial T} E(\lambda, T)\, d\lambda = \frac{4\sigma}{\pi} T^3 B^*(v)\,, \tag{10}$$

$$\frac{\partial}{\partial T} E(\lambda, T) = \frac{4\sigma}{\pi c_2} T^4 B^{*\prime}(v)\,. \tag{11}$$

Hergeleitet werden die Formeln im nächsten Abschnitt. Die Konstante σ kommt im Stefan-Boltzmannschen Gesetz vor und hängt mit c_1 und c_2 zusammen durch die Beziehung

These formulae are derived in the next section. The constant σ occurs in the Stefan-Boltzmann law; it is related to c_1 and c_2 by the relation

$$\sigma = \frac{2}{15}\pi^5 \frac{c_1}{c_2^4}.$$

Die Formeln (7) bis (11) zeigen, wie man numerische Werte für die Planckschen Ausdrücke (1) bis (5) durch Heranziehung der fünf tabellierten Hilfsfunktionen berechnen kann.

Equations (7) to (11) show how the numerical values of the Planck expressions (1) to (5) may be obtained from the five tabulated functions.

Die Hilfsfunktion $B(v)$ soll im folgenden als „*Bruchteilfunktion*“, genauer als „*Bruchteilfunktion erster Art*“ bezeichnet werden. Der Name wird im nächsten Abschnitt begründet. Die Hilfsfunktionen $B'(v)$ und $B''(v)$ sind die erste und zweite Ableitung von $B(v)$ nach v. Die „*Bruchteilfunktion zweiter Art*“ $B^*(v)$ hängt mit $B(v)$ und $B'(v)$ durch die Beziehung zusammen:

The function $B(v)$ is designated as a "*fractional function*", more specifically as the "*fractional function of the first kind*". The reason for the name is given in the next section. The functions $B'(v)$ and $B''(v)$ are the first and second derivatives of $B(v)$ with respect to v. The "*fractional function of the second kind*" $B^*(v)$ is defined by the relation

$$B^*(v) = B(v) + \frac{v}{4} B'(v), \tag{12}$$

und $B^{*\prime}(v)$ ist ihre Ableitung. Tabelle 1 enthält die Zahlenwerte von $B(v)$, $B'(v)$ und $B^*(v)$, Tabelle 2 von $B''(v)$ und $B^{*\prime}(v)$. In Tabelle 3 findet man Zahlenwerte für verschiedene Potenzen der absoluten Temperatur T.

Tabelle 4 gibt eine Zusammenstellung von Werten v zu einigen Werten von λ und T. (Meistens wird man v mit dem Rechenschieber ausrechnen.) Während die Tabellen 1 bis 3 universell gültig sind, hängt Tabelle 4 von dem Zahlenwert 1,438 cm grad der Konstanten c_2 ab.

Zahlenwerte für die vorkommenden Konstanten sind in Abschnitt 4 in verschiedenen Maßsystemen angegeben.

and $B^{*\prime}(v)$ denotes its derivative. Table 1 contains a tabulation of the functions $B(v)$, $B'(v)$ and $B^*(v)$, while Table 2 contains $B''(v)$ and $B^{*\prime}(v)$. Table 3 gives values of various powers of the absolute temperature T.

Table 4 presents the values of v for several values of λ and T. (In general v will be computed with a slide rule.) While Tables 1, 2 and 3 are universally valid, Table 4 depends upon the specific value, $c_2 = 1.438$ cm deg, of the constant c_2.

Values of the constants involved are given in Section 4 in various measure systems.

II. Herleitung der Bruchteilfunktionen

Zur Formel (7) kommt man folgendermaßen: Man erstreckt im Planckschen Integral (2) die Integration über den gesamten Wellenlängenbereich von $\lambda_1 = 0$ bis $\lambda_2 = \infty$. Dann ergibt sich bekanntlich das Stefan-Boltzmannsche Gesetz für die Gesamtstrahlung:

II. Derivation of the fractional functions

Equation (7) is obtained as follows: if the range of integration in the Planck integral (2) is extended to the entire wavelength interval from $\lambda_1 = 0$ to $\lambda_2 = \infty$, there results the well-known Stefan-Boltzmann law for the total radiation:

$$\Phi_\infty = \Phi(\infty, T) = \int_{\lambda_1=0}^{\lambda_2=\infty} E(\lambda, T)\, d\lambda = \frac{\sigma}{\pi} T^4 = \frac{2}{15}\pi^4 \frac{c_1}{c_2^4} T^4. \tag{13}$$

Wird aber in (2) nur bis zu irgendeinem endlichen Wert $\lambda_2 = \lambda$ integriert, so ist der Wert Φ des Integrals ein Bruchteil von der Gesamtstrahlung $\Phi_\infty = \frac{\sigma}{\pi} T^4$ (da der Integrand nur positive Werte annimmt). Die Größe dieses Bruchteiles legt $B(v)$ in Formel (7) fest. Deshalb ist es sinnvoll, $B(v)$ als Bruchteilfunktion zu bezeichnen. Ferner wird es verständlich, daß die Bruchteilfunktion eine reine Zahl mit Werten zwischen 0 und 1 sein muß.

If, however, the integral in (2) goes only up to a finite wavelength λ, then the value Φ of the integral is a fraction of the total radiation $\Phi_\infty = \frac{\sigma}{\pi} T^4$ (since the integrand can assume only positive values). The magnitude of this fraction is specified by $B(v)$; for this reason, $B(v)$ is called a fractional function. It is thus evident that $B(v)$ must be a dimensionless number between 0 and 1.

Daß der Bruchteil nur von dem Produkt $\frac{\lambda T}{c_2}$ abhängt, zeigt sich durch die Einführung von (6) in die Definitions-Beziehung (7). Man erhält *

That the fraction of the total radiation is indeed a function of the product $\frac{\lambda T}{c_2}$ alone is seen by substituting (6) in the defining relation (7). It is thus seen that *

$$B(v) = \frac{15}{\pi^4} \int_{v=0}^{v=v} \frac{v^{-5}}{e^{\frac{1}{v}} - 1} \, dv \quad \text{und / and} \tag{14}$$

$$B'(v) = \frac{15}{\pi^4} \frac{v^{-5}}{e^{\frac{1}{v}} - 1}, \quad \text{mit / with} \quad v = \frac{\lambda T}{c_2}. \tag{15}$$

Die anderen Formeln (8) bis (11) folgen aus der Formel (7). Partielle Differentiation von (7) nach der oberen Grenze λ führt auf (8), nochmalige Differentiation auf (9). Partielle Differentiation von (7) nach T ergibt (10), wenn man $B^*(v)$ durch die Beziehung (12) erklärt. Schließlich ergibt sich (11) durch partielle Differentiation des Ausdrucks (10) nach der oberen Grenze λ.

The other relations (8) to (11) follow from (7). Partial differentiation of (7) with respect to the upper integration limit λ leads to (8), a second such differentiation to (9). Partial differentiation of (7) with respect to T yields (10), where $B^*(v)$ is given by (12). Finally (11) results from partial differentiation of (10) with respect to the upper limit λ.

Der Verlauf der Funktionen ist in den Abbildungen 1 und 2 dargestellt. Für die Maxima von $B'(v)$ und $B^{*\prime}(v)$ gilt:

The shapes of the functions are shown in Figures 1 and 2. The maxima of $B'(v)$ and $B^{*\prime}(v)$ are found to be

$$B'(v)_{max} = 3{,}2648 \quad \text{für / for} \quad v = 0{,}2014,$$

$$B^{*\prime}(v)_{max} = 4{,}4747 \quad \text{für / for} \quad v = 0{,}1676.$$

* Wieder wird derselbe Buchstabe für die Integrationsveränderliche und die obere Grenze verwendet.

* The same letter is again used as the variable of integration and as the upper limit of integration.

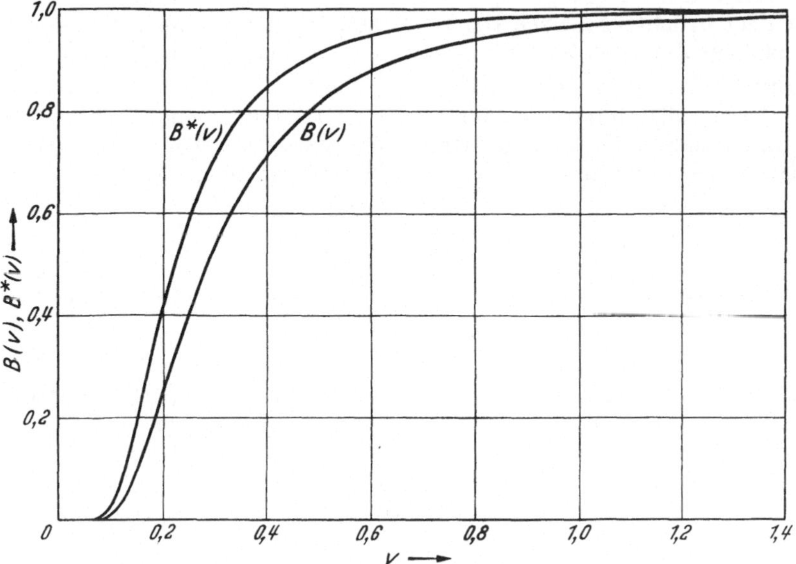

Abb. 1. Verlauf der beiden Bruchteilfunktionen erster und zweiter Art.

Fig. 1. Shapes of the fractional functions of the first and second kind.

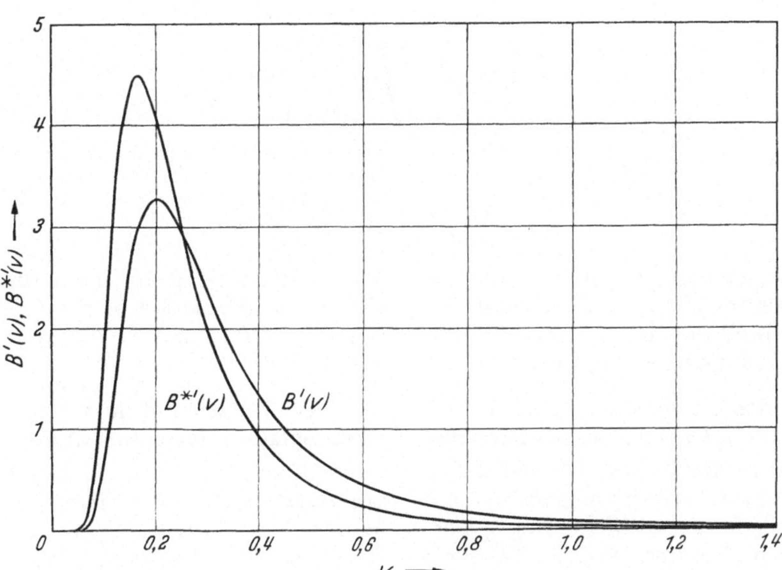

Abb. 2. Verlauf der ersten Ableitungen der beiden Bruchteilfunktionen erster und zweiter Art.

Fig. 2. Shapes of the derivatives of the fractional functions of the first and second kind.

III. Zusammenhang zwischen der Bruchteilfunktion $B(v)$ und der Zetafunktion*

Die Bruchteilfunktion $B(v)$ hängt mit einer der unvollständigen Zetafunktionen zusammen. Diese entstehen, wenn man in der Integraldarstellung

$$\zeta(s) = \frac{1}{\Gamma(s)} \int_0^\infty \frac{t^{s-1}}{e^t - 1}\, dt$$

der Riemannschen Zetafunktion

$$\zeta(s) = \sum_{n=1}^\infty \frac{1}{n^s}$$

das Integrationsintervall durch einen Zwischenwert p unterteilt:

$$f(s, p) = \frac{1}{\Gamma(s)} \int_0^p \frac{t^{s-1}}{e^t - 1}\, dt,$$

$$g(s, p) = \frac{1}{\Gamma(s)} \int_p^\infty \frac{t^{s-1}}{e^t - 1}\, dt.$$

Durch die Variablentransformation

$$t = \frac{1}{v}$$

erhält man

$$g(s, p) = \frac{1}{\Gamma(s)} \int_0^{\frac{1}{p}} \frac{v^{-s-1}}{e^{\frac{1}{v}} - 1}\, dv.$$

Setzt man $s = 4$, so gilt

$$B(v) = \frac{90}{\pi^4}\, g\left(4, \frac{1}{v}\right) = \frac{g\left(4, \frac{1}{v}\right)}{\zeta(4)}. \tag{16}$$

Diese Beziehung ist nützlich für eine funktionentheoretische Diskussion der Bruchteilfunktion $B(v)$. Näher soll darauf hier nicht eingegangen werden.

IV. Schreibweise der Tabellen. Interpolation. Erweiterung des Bereiches

In den beiden Tabellen 1 und 2 sind die Funktionswerte im allgemeinen auf fünf bedeutsame Ziffern angegeben. Wenn sich $B(v)$ und $B^*(v)$ in Tabelle 1 für große v dem Grenzwerte 1 nähern, reichen für Differenzbildungen fünf be-

* Dieser Abschnitt ist nur für den speziell mathematisch interessierten Leser von Bedeutung.

III. Relation between the fractional function $B(v)$ and the zeta function*

The fractional function $B(v)$ is seen to be related to one of the incomplete zeta functions. The latter arise when the integral representation [see above] of the Riemann zeta function [see above] is divided into two parts about an intermediate value $t = p$: [see above]. Application of the transformation [see above] leads to the form [see above]. If $s = 4$, then it follows that [(16) above].

This relation is useful for a function-theoretical discussion of the fractional function $B(v)$, and is not developed further here.

IV. Notation of the tables. Interpolation. Extension of the range

The function values in Tables 1 and 2 are given in general to five significant figures. When the values of $B(v)$ and $B^*(v)$ in Table 1 approach the limit 1 (for large v), five significant figures are clearly inadequate. These function val-

* This section is intended only for the reader especially interested in mathematics.

deutsame Ziffern natürlich nicht aus. Deshalb wurde bei diesen beiden Funktionen für große Werte von v zunächst von fünf auf sechs und dann auf sieben bedeutsame Ziffern übergegangen. Für $v \geqq 3$ wurden nicht $B(v)$ und $B^*(v)$, sondern $[1 - B(v)]$ und $[1 - B^*(v)]$ tabelliert, und zwar mit fünf bedeutsamen Ziffern.

Zur Erleichterung des linearen Interpolierens sind in der Tabelle 1 die Differenzen auf Lücke zwischen je zwei übereinanderstehenden Funktionswerten angegeben (in Einheiten der letzten Stelle, und ohne Vorzeichen). Es wäre zu aufwendig gewesen, die Tabelle 1 so feingestuft anzulegen, daß lineares Interpolieren überall Fehler kleiner als eine Einheit der letzten bedeutsamen Ziffer ergeben hätte. Die größte Sorgfalt wurde auf den für die Praxis wichtigen Bereich $0{,}06 < v < 0{,}4$ verwendet. Die Zuverlässigkeit des linearen Interpolierens erkennt man beim Betrachten der ersten Differenzen: wenn aufeinanderfolgende Differenzen sich wesentlich unterscheiden, sind linear interpolierte Zwischenwerte ungenau.

Die Tabelle 2 gibt einen Einblick in den Verlauf der seltener gebrauchten Funktionen $B''(v)$ und $B^{*\prime}(v)$. Man kann linear interpolieren, wenn nur geringe Genauigkeit verlangt wird. Bessere Zwischenwerte erhält man, wenn man die Werte der abgeleiteten Funktionen $B''(v)$ und $B^{*\prime}(v)$ näherungsweise als Differenzenquotienten von $B'(v)$ und $B^*(v)$ in Tabelle 1 berechnet.

Wenn Funktionswerte außerhalb der Tabellengrenzen benötigt werden, kann man sich folgender Näherungsformeln bedienen:

ues are thus given for large v to six and then to seven significant figures. For $v \geqq 3$, the values $[1 - B(v)]$ and $[1 - B^*(v)]$ instead of the values of $B(v)$ and $B^*(v)$ are given to five significant figures.

To simplify linear interpolation in Table 1, the differences between successive function values are given as units in the last figure (without sign), to the right of the function values. Unfortunately too many tabulated values would have been required to be able to guarantee that the errors produced by linear interpolation would be restricted throughout Table 1 to at most one unit in the last significant figure. The most careful attention was therefore paid to the interval $0{,}06 < v < 0{,}4$, which is for practical purposes the most important interval. The validity of linear interpolation in any interval may be seen by examining the behavior of the first differences: if successive differences are noticeably different, then it is quite obvious that values obtained by linear interpolation will be inaccurate.

Table 2 gives an idea of the behavior of the less frequently used functions $B''(v)$ and $B^{*\prime}(v)$. If great accuracy is not required, linear interpolation may be used; otherwise the intermediate values of $B''(v)$ and $B^{*\prime}(v)$ may be approximated by means of quotients of differences of $B'(v)$ and $B^*(v)$ in Table 1.

If function values are required for arguments v outside the range of the tables, the following approximation formulae may be used:

(17) Für / for $v < 0{,}04$ gilt

$$\begin{cases} B(v) = \dfrac{15}{\pi^4} e^{-\frac{1}{v}} (v^{-3} + 3v^{-2} + 6v^{-1} + 6) + \cdots \\ B'(v) = \dfrac{15}{\pi^4} e^{-\frac{1}{v}} v^{-5} + \cdots , \end{cases}$$

(18) für / for $v > 100$ gilt

$$\begin{cases} B(v) = 1 - \dfrac{5}{\pi^4} \left(v^{-3} - \dfrac{3}{8} v^{-4} + \dfrac{1}{20} v^{-5} + \cdots \right) \\ B'(v) = \dfrac{15}{\pi^4} \left(v^{-4} - \dfrac{1}{2} v^{-5} + \dfrac{1}{12} v^{-6} + \cdots \right), \end{cases}$$

mit / where $\dfrac{15}{\pi^4} = 0{,}153990$.

Zur Gewinnung der Formeln (17) wurde im Nenner von (14) das Abzugsglied —1 hinter der Exponentialfunktion vernachlässigt (sogenannte Wiensche Form des Planckschen Strahlungsgesetzes). Bei den Formeln (18) handelt es sich um normale Reihenentwicklungen nach Potenzen von $1/v$.

The approximation in (17) is obtained by ignoring the term — 1 in the denominator of (14) (the so-called Wien form of the Planck radiation law). The approximation in (18) is a normal power series in $1/v$.

V. Zahlenwerte der Konstanten des Strahlungsgesetzes

V. Numerical values of the radiation law constants

Die Konstanten c_1 und c_2 des Planckschen Strahlungsgesetzes und die Konstante σ des Stefan-Boltzmannschen Gesetzes sind theoretisch definiert durch die Beziehungen

The constants c_1 and c_2 of the Planck radiation law and the constant σ of the Stefan-Boltzmann law are theoretically defined by the relations

$$c_1 = h c^2 , \qquad c_2 = \frac{hc}{k} , \qquad \sigma = \frac{2}{15} \pi^5 \frac{c_1}{c_2^4} , \tag{19}$$

wobei bedeuten:

- h Plancksches Wirkungsquantum,
- c Lichtgeschwindigkeit,
- k Boltzmann-Konstante.

where

- h is Planck's constant,
- c is the speed of light,
- k is Boltzmann's constant.

Um mit den Formeln (7) bis (11)arbeiten zu können, werden Zahlenwerte von c_2 und σ benötigt. Die zur Zeit gültigen Werte und einige damit zusammenhängende Größen sind in verschiedenen Maßsystemen:

Values of c_2 and σ are required in order to use equations (7) through (11). The presently accepted values of these and related constants are given in several measure systems as follows:

$$c_2 = 1{,}438 \text{ cm } \frac{\text{grad}}{\text{deg}} \qquad c_2 = 0{,}01438 \text{ m } \frac{\text{grad}}{\text{deg}}$$

$$\frac{1}{c_2} = 0{,}6954 \text{ cm}^{-1} \frac{\text{grad}^{-1}}{\text{deg}^{-1}} \qquad \frac{1}{c_2} = 69{,}54 \text{ m}^{-1} \frac{\text{grad}^{-1}}{\text{deg}^{-1}}$$

$$\sigma = 5{,}669 \cdot 10^{-5} \qquad \sigma = 5{,}669 \cdot 10^{-8}$$

$$\frac{\sigma}{\pi} = 1{,}805 \cdot 10^{-5} \qquad \frac{\sigma}{\pi} = 1{,}805 \cdot 10^{-8}$$

$$\text{in erg sec}^{-1} \text{ cm}^{-2} \frac{\text{grad}^{-4}}{\text{deg}^{-4}} \qquad \text{in Watt m}^{-2} \frac{\text{grad}^{-4}}{\text{deg}^{-4}}$$

$$\sigma = 1{,}354 \cdot 10^{-12} \qquad \sigma = 4{,}874 \cdot 10^{-8}$$

$$\frac{\sigma}{\pi} = 4{,}310 \cdot 10^{-13} \qquad \frac{\sigma}{\pi} = 1{,}552 \cdot 10^{-8}$$

$$\text{in cal sec}^{-1} \text{ cm}^{-2} \frac{\text{grad}^{-4}}{\text{deg}^{-4}} \qquad \text{in kcal h}^{-1} \text{ m}^{-2} \frac{\text{grad}^{-4}}{\text{deg}^{-4}}$$

VI. Anwendungsbeispiele der Bruchteilfunktionen

1. *Emission eines schwarzen Strahlers in einem endlichen Wellenlängen-Bereich*

In Abb. 3 bedeute df ein kleines Stück der Oberfläche eines schwarzen Strahlers der Temperatur T. Es wird nach der Energie-Ausstrahlung $d\Phi$ je Sekunde in den kleinen räumlichen Winkel $d\Omega$ gefragt. Die Achse von $d\Omega$ bilde den Winkel ϑ mit der Flächennormalen von df. Die Stärke des Strahlungsstromes Φ (Energie je Sekunde) in dem Wellenlängen-Bereich von Null bis zum Werte λ ist dann gegeben durch den Ausdruck

VI. Examples of the application of the fractional functions

1. *Emission of a black radiating body in a finite wave length interval*

Consider the small area df on the surface of a black radiating body, shown in Figure 3, at the temperature T. It is desired to find the energy $d\Phi$ emitted per second into a cone of spherical angle $d\Omega$. The axis of the cone is to form an angle ϑ with the normal to the surface df. The radiation flux intensity in the interval 0 to λ is then given by the expression

(20) $$d\Phi = df \cos\vartheta \, d\Omega \int_{\lambda_1=0}^{\lambda_2=\lambda} E(\lambda, T)\, d\lambda \, ,$$

wobei $E(\lambda, T)$ die Plancksche Funktion ist. Bei Anwendung der Bruchteilfunktion (7) geht die Formel (20) über in

where $E(\lambda, T)$ is the Planck function. By substitution of the fractional function defined by (7) into (20), one obtains

(21) $$d\Phi = df \cos\vartheta \, d\Omega \frac{\sigma}{\pi} T^4 B(v) \quad \text{mit / with} \quad v = \frac{\lambda T}{c_2}$$

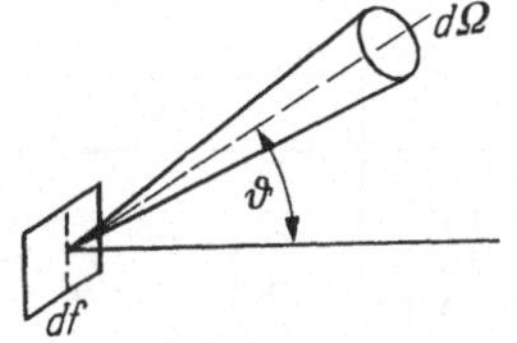

Abb. 3. Erläuterung siehe Text.
Fig. 3. Explanation in text.

Wenn die Emission nicht durch den räumlichen Winkel $d\Omega$ festgelegt ist, sondern durch eine Empfangsfläche df_E, die in der Entfernung r von der strahlenden Fläche steht (vgl. Abb. 4), so geht der obige Ausdruck über in

If the emission is not bounded by the cone, but rather by a receiving surface df_E, at a distance r from the radiating surface, and if the line connecting the two surfaces makes an angle ϑ_E with the normal to the surface df_E, then the above expression becomes

(22) $$d\Phi = df \cos\vartheta \, df_E \cos\vartheta_E \frac{1}{r^2} \frac{\sigma}{\pi} T^4 B(v) \, .$$

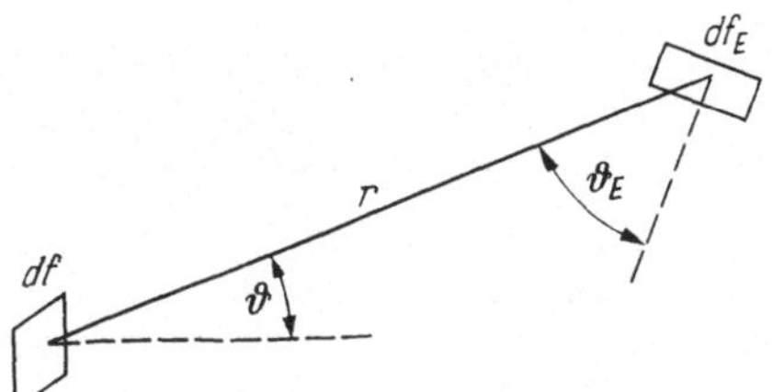

Abb. 4. Erläuterung siehe Text.
Fig. 4. Explanation in text.

Wird schließlich nach der Stärke des Strahlungsstromes gefragt, der von df in den gesamten Halbraum fließt, so ergibt die Integration von (21) über den Halbraum den Ausdruck:

Finally if the intensity of the radiation flux flowing from df into the hemisphere is desired, then the integration of (21) over the hemisphere gives

$$d\Phi_{\bigcirc} = df\,\sigma T^4 B(v)\,. \tag{23}$$

Die angegebenen Ausdrücke (20) bis (23) beziehen sich auf die Emission in einem Wellenlängen-Bereich von 0 bis λ. Wird nach der Emission in einem Bereich von λ_1 bis λ_2 gefragt, so geht beispielsweise die Formel (20) über in

The above expressions (20) to (23) refer to an emission in a wave length interval from 0 to λ. If the emission in an interval from λ_1 to λ_2 is desired, equation (20), for example, becomes

$$d\Phi = df\cos\vartheta\,d\Omega\int_{\lambda_1}^{\lambda_2} E(\lambda, T)\,d\lambda\,. \tag{24}$$

Mit Hilfe der Bruchteilfunktion erhält man:

With the help of the fractional function, this may be written as

$$d\Phi = df\cos\vartheta\,d\Omega\,\frac{\sigma}{\pi}\,T^4[B(v_2) - B(v_1)] \quad \text{mit / with} \quad v_2 = \frac{\lambda_2 T}{c_2}\,,\quad v_1 = \frac{\lambda_1 T}{c_2}\,. \tag{25}$$

Beispiel 1: Es soll angegeben werden, welcher Bruchteil der Gesamtstrahlung eines schwarzen Strahlers von 2600° K in den drei Intervallen 0,4 bis 0,5 μ, 0,5 bis 0,6 μ und 0,6 bis 0,7 μ liegt. Zur Berechnung von v wurde $c_2 = 1{,}438$ cm grad benutzt.

Example 1: It is to be determined what fraction of the radiation of a black body at 2600° K lies in the three intervals 0.4 to 0.5 μ, 0.5 to 0.6 μ, and 0.6 to 0.7 μ. The value of $c_2 = 1.438$ cm deg is used to calculate v.

λ	T	v	$B(v)$	$\Delta\lambda$	$\Delta B(v)$
0,4 μ	2600° K	0,07232	$0{,}05031 \cdot 10^{-2}$		
				0,4—0,5 μ	$0{,}383 \cdot 10^{-2}$
0,5 μ	,,	0,09040	$0{,}4335 \cdot 10^{-2}$		
				0,5—0,6 μ	$1{,}247 \cdot 10^{-2}$
0,6 μ	,,	0,10848	$1{,}680 \cdot 10^{-2}$		
				0,6—0,7 μ	$2{,}506 \cdot 10^{-2}$
0,7 μ	,,	0,12656	$4{,}186 \cdot 10^{-2}$		

Die unter $B(v)$ eingetragenen Werte geben an, welcher Bruchteil der Strahlung in dem Intervall von der Wellenlänge Null bis zu der in der ersten Spalte aufgeführten Wellenlänge liegt. In der letzten Spalte sind unter der Überschrift $\Delta B(v)$ die Differenzen je zweier übereinander stehender Werte von $B(v)$ angegeben. Durch diese Differenzen wird die gestellte Frage beantwortet.

The values listed for $B(v)$ denote the fraction of radiation in the interval from $\lambda_1 = 0$ to the value of λ given in the first column. The last column, $\Delta B(v)$, gives the differences between successive values of $B(v)$. These $\Delta B(v)$ represent the answer to the above question.

2. *Emission eines schwarzen Strahlers in einem schmalen Wellenlängenbereich. Plancksche Isothermen und Isochromaten*

2. *Emission of a black radiating body in a narrow wave length interval. Planck isotherms and isochromatics*

Für ein gegenüber der Wellenlänge sehr kleines Wellenlängen-Intervall $\lambda_2 - \lambda_1 = \Delta\lambda$ wird die Differenz der beiden Bruchteilfunktionen in (25) un-

If the wave length interval under consideration is very small with respect to the wave length itself, then the difference of the two fractional functions in (25)

genau. Man ersetzt dann besser das Integral in (24) durch das Produkt $E(\lambda, T) \cdot \Delta\lambda$ und gewinnt so:

will be inaccurate. It is better to replace the integral in (24) with the product $E(\lambda, T) \cdot \Delta\lambda$, yielding

(26) $$d\Phi = df \cos\vartheta \, d\Omega \, E(\lambda, T) \, \Delta\lambda \, .$$

Diese Näherungsformel ist um so genauer, je kleiner $\Delta\lambda$ ist, und liefert den Strahlungsstrom, der auf das Intervall von λ bis $\lambda + \Delta\lambda$ entfällt. Wird in (26) die Bruchteilfunktion $B'(v)$ nach Formel (8) eingeführt, so entsteht:

This approximation gives the radiation flux intensity corresponding to the interval from λ to $\lambda + \Delta\lambda$, and is of course more accurate for small $\Delta\lambda$. If expression (8) is substituted in (26), $d\Phi$ may then be expressed in terms of the fractional function $B'(v)$:

(27) $$d\Phi = df \cos\vartheta \, d\Omega \frac{\sigma}{\pi c_2} T^5 B'(v) \, \Delta\lambda \, .$$

Unter einer „*Planckschen Isothermen*“ versteht man eine Kurve, die den Verlauf von $d\Phi$ nach Formel (27) als Funktion von λ darstellt, wobei für $\Delta\lambda$ und T feste Werte angenommen werden. Eine „*Isothermen-Schar*“ erhält man, wenn man die T-Werte variiert. Nach Formel (27) genügt es, $T^5 B'(v)$ in Abhängigkeit von λ aufzutragen, da alle anderen Faktoren konstant bleiben.

The graphical representation of this radiation flux intensity $d\Phi$ in (27) with λ as the independent variable, $\Delta\lambda$ and T being held constant, is called a "*Planck isotherm*". By varying T, a "*family of isotherms*" may be obtained; according to (27) it is sufficient to plot $T^5 B'(v)$, since the other factors are all constant.

Beispiel 2: Es sollen einige Werte für 2 Plancksche Isothermen bei den Temperaturen 2400 und 2600° K berechnet werden.

Example 2: Several values of two Planck isotherms at 2400° K and 2600° K are to be calculated.

	$T = 2400°$ K $T^5 = 7{,}963 \cdot 10^{16}$			$T = 2600°$ K $T^5 = 1{,}188 \cdot 10^{17}$		
λ	v	$B'(v)$	$T^5B'(v)$	v	$B'(v)$	$T^5B'(v)$
0,4 μ	0,06676	0,03628	$0{,}29 \cdot 10^{16}$	0,07232	0,07692	$0{,}91 \cdot 10^{16}$
0,6 μ	0,10014	0,7041	$5{,}61 \cdot 10^{16}$	0,10848	1,017	$12{,}08 \cdot 10^{16}$
1,0 μ	0,16690	2,980	$23{,}73 \cdot 10^{16}$	0,18081	3,171	$37{,}67 \cdot 10^{16}$
2,0 μ	0,33380	1,956	$15{,}58 \cdot 10^{16}$	0,36161	1,673	$19{,}88 \cdot 10^{16}$
3,0 μ	0,50070	0,7685	$6{,}12 \cdot 10^{16}$	0,54242	0,6167	$7{,}33 \cdot 10^{16}$

Unter einer „*Planckschen Isochromaten*“ versteht man eine Kurve, die den Verlauf von $d\Phi$ nach Formel (27) als Funktion von T gibt bei festgehaltenen Werten $\Delta\lambda$ und λ. Auch der Verlauf der Isochromaten ist durch das Produkt $T^5 B'(v)$ bestimmt.

A "*Planck isochromatic*" is obtained by considering $d\Phi$ as a function of T, for constant values of λ and $\Delta\lambda$. The shape of the isochrome is also determined by plotting $T^5 B'(v)$.

3. *Einfache Ausdrücke für die Intensitätsverteilung der schwarzen Strahlung*

3. *Simple expressions for the distribution of the intensity of black-body radiation*

Aus dem Umstand, daß die Bruchteilfunktion nur von dem Produkt λT abhängig ist, folgt, daß die ganze Intensitätsverteilung im Spektrum eines schwarzen Strahlers durch den Wert

The fractional function depends only on the product λT, and thus the entire intensity distribution in the spectrum of a radiating black body is specified by the value of this product. This is essen-

dieses Produktes bestimmt wird. Dies ist der Inhalt des sogenannten „*Wienschen Verschiebungsgesetzes*" in seiner allgemeinen Form. Man kann daher mit Hilfe der Tabelle der Bruchteilfunktion $B(v)$ Beziehungen vom folgenden einfachen Typus aufstellen:

tially the meaning of the so-called "*Wien's displacement law*" in its general form. Therefore, by using the table of the fractional function $B(v)$, it is possible to formulate relations of the following simple form:

(28)
$$T\lambda_{10\%} = 0{,}1529\, c_2 = 0{,}2199 \text{ cm } \substack{\text{grad,} \\ \text{deg,}}$$
$$T\lambda_{50\%} = 0{,}2855\, c_2 = 0{,}4105 \text{ cm } \substack{\text{grad,} \\ \text{deg,}}$$
$$T\lambda_{90\%} = 0{,}6517\, c_2 = 0{,}9371 \text{ cm } \substack{\text{grad.} \\ \text{deg.}}$$

Hier bedeutet $\lambda_{n\%}$, daß n % der Strahlungsenergie auf den Wellenlängenbereich kleiner als $\lambda_{n\%}$ entfallen. Die rechts stehenden Werte ergeben sich, wenn man für c_2 den Wert 1,438 cm grad verwendet.

Die Herleitung der obigen Ausdrücke soll am Beispiel des ersten Ausdrucks erläutert werden: In der Tabelle wurde nachgeschlagen, für welchen Wert von v die Bruchteilfunktion den Wert $0{,}1 = 10\%$ annimmt. Man findet den oben angegebenen Wert $v = 0{,}1529$.

Die Ausdrücke (28) erinnern daran, daß man die Wellenlänge maximaler Intensität durch das Wiensche Verschiebungsgesetz in der Form $T\lambda_{max} = 0{,}2014\, c_2$ festlegen kann. Während aber die Ausdrücke (28) allgemeine Gültigkeit haben, gilt die Festlegung des Maximums nur, wenn man die Strahlung spektral so zerlegt, daß $\Delta\lambda$ konstant bleibt. An der so definierten Stelle λ_{max} nimmt die Bruchteilfunktion den Wert $B(v) = 0{,}25004$ an. Es ist nützlich, sich zu merken, daß daher das Maximum der Intensität so liegt, daß ungefähr $^1/_4$ der gesamten Strahlung kurzwelliger und $^3/_4$ der Strahlung langwelliger sind.*

The expression $\lambda_{n\%}$ signifies that n % of the radiation energy is included in the interval up to $\lambda_{n\%}$. The right hand values of (28) result from multiplying out the middle expressions, with $c_2 = 1.438$ cm deg.

The derivation of these relations may be demonstrated for the value $T\lambda_{10\%}$: v is determined so that $B(v)$ in the table is equal to $0.10 = 10\%$. This leads to the value of $v = 0.1529$ given above.

The expressions (28) are similar to the Wien displacement law for the determination of the wave length of the maximum intensity, in the form $T\lambda_{max} = 0.2014\, c_2$. While the expressions (28) are of general validity, the determination of the maximum holds only when the spectrum is divided such that $\Delta\lambda$ is constant. For the above value of λ_{max}, the fractional function takes on the value $B(v) = 0.25004$. It is useful to note that the thus defined maximum of the intensity is such that of the entire radiation approximately $^1/_4$ has a wave length shorter than λ_{max}, and $^3/_4$ has a wave length longer than λ_{max}.*

* Von Professor G. Schulze, Hamburg, ist vorgeschlagen worden, die „*praktische Erstreckung*" des Emissionsbereiches eines schwarzen Strahlers durch die Werte $v_1 = 0{,}115$ und $v_2 = 1{,}15$ zu definieren. Die zugehörigen beiden Wellenlängen verhalten sich wie 1:10. Zwischen ihnen liegen 95,2% der Gesamtstrahlung, während je 2,4% auf die restlichen Bereiche kurzwelligerer und langwelligerer Strahlung entfallen.

* Professor G. Schulze, Hamburg, has suggested that the "*significant stretch*" of the emission interval of a black radiating body be defined as that lying between the values $v_1 = 0.115$ and $v_2 = 1.15$. The resulting two wave lengths differ by a factor of 10 and are so located that 95.2% of the total radiation lies between them, while 2.4% lies at each end, i. e., at the short-wave end and at the long-wave end.

4. *Strahlungs-Austausch zwischen zwei Strahlern verschiedener Temperatur. Bruchteilfunktion zweiter Art*

Wenn eine schwarz strahlende Fläche F_1 der Temperatur T_1 einer anderen parallel angeordneten schwarz strahlenden Fläche F_2 mit der niedrigeren Temperatur T_2 in einem Abstand r gegenüber steht, so findet ein Strahlungs-Austausch statt. Dieser Austausch ist durch die Differenz der Strahlungsströme von F_1 nach F_2 und umgekehrt von F_2 nach F_1 gegeben. Die Stromstärke des Strahlungs-Austausches im Intervall von 0 bis λ läßt sich daher unter Benutzung der Formeln (20) und (22) schreiben, wenn r^2 groß gegenüber F_1 und F_2 ist:

4. *Radiation exchange between two black bodies of different temperatures. Fractional function of the second kind*

If a black radiating surface of area F_1 with temperature T_1 is parallel to another such surface of area F_2 with a lower temperature T_2, and if the two surfaces are a distance r apart, then there exists a radiation exchange, given by the difference of the radiation flux from F_1 to F_2 and the flux from F_2 to F_1. If r^2 is large with respect to F_1 and F_2, then the radiation flux intensity of the exchange in the wave length interval from zero to λ may be written with the help of formulae (20) and (22) as

$$\Delta\Phi = \frac{F_1 F_2}{r^2}\left[\int_0^\lambda E(\lambda, T_1)\, d\lambda - \int_0^\lambda E(\lambda, T_2)\, d\lambda\right]. \tag{29}$$

Mit der Bruchteilfunktion $B(v)$ lautet diese Formel:

In terms of the fractional function $B(v)$, this becomes

$$\Delta\Phi = \frac{F_1 F_2}{r^2}\frac{\sigma}{\pi}\left[T_1^4 B(v_1) - T_2^4 B(v_2)\right] \quad \text{mit / with} \quad v_1 = \frac{\lambda T_1}{c_2}, \quad v_2 = \frac{\lambda T_2}{c_2}. \tag{30}$$

Die Formeln (29) und (30) werden bei verhältnismäßig großen Temperatur-Differenzen verwandt. Ist dagegen der Temperatur-Unterschied zwischen den beiden Strahlern sehr gering, so ersetzt man die Differenz der beiden Integrale besser durch das Produkt der partiellen Ableitung des Integrals nach T mit der kleinen Temperatur-Differenz ΔT, also

Equations (29) and (30) are applicable for relatively large temperature differences. If the temperature difference ΔT between the two radiating bodies is very small, then the differences in (29) and (30) may be replaced by partial derivatives with respect to T multiplied by ΔT, that is

$$\Delta\Phi = \frac{F_1 F_2}{r^2}\frac{\partial}{\partial T}\left[\int_0^\lambda E(\lambda, T)\, d\lambda\right]\Delta T \quad \text{mit / with} \quad \Delta T = T_1 - T_2.$$

Nach der Formel (10) kann man die Bruchteilfunktion zweiter Art einführen:

According to (10), $\Delta\Phi$ can therefore be written in terms of the fractional function of the second kind as

$$\Delta\Phi = \frac{F_1 F_2}{r^2}\frac{4\sigma}{\pi} T^3 B^*(v)\, \Delta T. \tag{31}$$

Ein Vergleich zwischen dieser Formel (31) und der früheren Formel (22) zeigt: Die Bruchteilfunktion erster Art gibt an, welcher Bruchteil der gesamten „*Strahlungs-Emission*“ von einer Fläche 1 nach einer Fläche 2 hin auf den Wellenlängenbereich von 0 bis λ entfällt. Die

A comparison of (31) with (22) shows that the fractional function of the first kind specifies that fraction of the total "*radiation emission*" from surface 1 to surface 2 which lies in the wave length interval from 0 to λ. On the other hand, the fractional function of the second

Bruchteilfunktion zweiter Art gibt an, welcher Bruchteil des gesamten „*Strahlungs-Austausches*“ zwischen den beiden etwas verschieden temperierten Flächen 1 und 2 auf irgendeinen Wellenlängenbereich zwischen 0 und λ entfällt. Das gibt die Berechtigung, auch $B^*(v)$ als eine Bruchteilfunktion zu bezeichnen.

kind specifies that fraction of the "*radiation exchange*" between the two surfaces (at slightly different temperatures), which lies in the wave length interval from 0 to λ. This justifies calling $B^*(v)$ also a "fractional function".

Beispiel 3: Es liege eine Deckenheizung vor mit einer Decken-Temperatur von 40° C und eine Fußboden-Temperatur von 20° C. Wie verteilt sich der Strahlungs-Austausch zwischen Decke und Boden auf die verschiedenen Wellenlängenbereiche?

Example 3: Consider a ceiling radiator with a ceiling temperature of 40° C and a floor temperature of 20° C. How is the radiation exchange between ceiling and floor distributed among the various wave length intervals?

Die Frage läßt sich mit Formel (31) beantworten, wenn als erste Annäherung angenommen wird, daß Decke und Boden "schwarz" strahlen. Für die Temperatur T setzt man den mittleren Wert (30 + 273)° K ein.

The question can be answered by means of equation (31), if it is assumed that the ceiling and the floor are "black" radiating bodies. The temperature T is taken as the middle value (30 + 273)° K.

λ	v	$B^*(v)$	$\Delta\lambda$	$\Delta B_*(v)$
0— 3 μ	0,06324	0,0004	0— 3 μ	0,0004
0— 5 μ	0,10541	0,0367	3— 5 μ	0,0363
0—10 μ	0,21081	0,4519	5—10 μ	0,4152
0—15 μ	0,31622	0,7420	10—15 μ	0,2901
0—20 μ	0,42163	0,8687	15—20 μ	0,1267
0— ∞	∞	1,0000	20— ∞	0,1313
				1,0000

Die letzte Spalte der Tabelle zeigt, daß (41,5 + 29,0) % des Strahlungs-Austausches sich im Bereiche 5 bis 15 μ abspielen, wo fast alle Materialien nahezu „schwarz“ sind.

The last column shows that (41.5 + 29.0) % of the radiation exchange is found in the interval from 5 μ to 15 μ, in which almost all materials are practically "black".

5. Plancksche Integralausdrücke mit empirischen Funktionen

5. Planck integral expressions involving empirical functions

Zuweilen kommt die Aufgabe vor, Integrale der folgenden Form auszuwerten:

Occasionally it is required to evaluate the integral

$$J(\lambda, T) = \int_{\lambda_1=0}^{\lambda_2=\lambda} D(\lambda)\, \frac{2c_1\lambda^{-5}}{e^{\frac{c_2}{\lambda T}} - 1}\, d\lambda\,. \tag{32}$$

Im Integranden steht rechts die Plancksche Funktion, bezogen auf einen schwarzen Strahler der Temperatur T, links irgend eine empirisch gegebene Funktion $D(\lambda)$, z. B. die Durchlässig-

The integrand consists of a Planck function for a radiating black body multiplied by an empirical function $D(\lambda)$, e. g., the transmissivity of a radiation filter or the relative sensitivity of the

keit eines Strahlenfilters, die relative Augenempfindlichkeit oder dergleichen. Das Hereinkommen der empirischen Funktion erfordert graphische oder numerische Integrations-Methoden.

eye. Since there is an empirical function involved, graphical or numerical integration methods must be applied, using either $B'(v)$ or $B(v)$.

a) Verwendung von $B'(v)$

Im Integral (32) drückt man die Plancksche Funktion nach Formel (8) durch $B'(v)$ aus:

a) Use of $B'(v)$

If in (32) the Planck function is expressed by means of (8), the result is the integral

$$J(\lambda, T) = \frac{\sigma}{\pi c_2} T^5 \int_{\lambda_1=0}^{\lambda_2=\lambda} D(\lambda) \cdot B'(v)\, d\lambda \quad \text{mit / with} \quad v = \frac{\lambda T}{c_2} \tag{33}$$

und berechnet für eine größere Zahl von Wellenlängen-Werten die Produkte der beiden Funktionen im Integranden. Diese Produkte ermöglichen entweder, über einer Wellenlängen-Skala aufgetragen, eine graphische Integration, oder sie dienen als Grundlage für eine numerische Integration. *

and one then forms for a large number of arguments λ the product of the empirical function $D(\lambda)$ and the function $B'(v)$. These products may then either be plotted against a linear λ-scale so that the resulting curve through these points may be traced with a planimeter, or the products may serve as the basis for numerical integration. *

b) Verwendung von $B(v)$.
Methode der verzerrten λ-Maßstäbe

Wenn der Ausdruck (32) für mehrere verschiedene Funktionen $D(\lambda)$, aber bei einer einzigen bestimmten Temperatur des Strahlers berechnet werden soll (z. B. Strahlungsströme durch verschiedene Farbfilter bei einem einzigen Normalstrahler), so bietet die folgende „Methode der verzerrten λ-Maßstäbe" Vorteile.

Der Wert des Integrales J in (32) kann durch Planimetrieren bestimmt werden, wenn $D(\lambda)$ über einem verzerrten λ-Maßstab aufgetragen wird. Man schreibt (33) in der Gestalt:

b) Use of $B(v)$.
Method of the distorted λ-scales

If the expression (32) is to be computed for several functions $D(\lambda)$, but with a particular temperature T (e. g. radiation through various colored filters, using a single standard radiating body), then it is advantageous to use the „method of the distorted λ-scales".

The value of the integral J in (32) can be determined by means of a planimeter if $D(\lambda)$ is plotted against a distorted λ-scale. The integral (33) is written as

$$J(\lambda, T) = \frac{\sigma}{\pi} T^4 F(\lambda, T)\,, \tag{34}$$

wobei die Funktion $F(\lambda, T)$ bedeutet:

where the function $F(\lambda, T)$ is

$$F(\lambda, T) = \frac{T}{c_2} \int_{\lambda_1=0}^{\lambda_2=\lambda} D(\lambda)\, B'(v)\, d\lambda\,. \tag{35}$$

* Man darf nicht den fehlerhaften Schluß ziehen, der Wert des Integrals sei T^5 proportional. Der Wert von T geht durch die Variable v noch in $B'(v)$ mit ein.

* It is false to conclude that the value of the integral is proportional to T^5, since the value of v in $B'(v)$ also depends upon T.

Dieses Integral läßt sich umformen wie folgt:

This may be written as

$$F(\lambda, T) = \int_{\lambda_1=0}^{\lambda_2=\lambda} D(\lambda) \frac{dB(v)}{dv} dv = \int_{v_1=0}^{v_2=v} D(\lambda)\, dB(v) .$$

Die letzte Schreibweise als „Stieltjes-Integral" zeigt: Wenn man $D(\lambda)$ über einem linearen $B(v)$-Maßstab aufträgt, ist $F(\lambda, T)$ der zugehörige Flächeninhalt, kann also durch Planimetrieren der gezeichneten Fläche direkt bestimmt werden. Da zu jedem $B(v)$-Wert umkehrbar eindeutig ein v-Wert gehört, kann man unter die $B(v)$-Skala eine Skala mit v-Werten zeichnen, die nun aber nicht mehr gleichmäßig fortschreitet (vgl. Abb. 5). Da ferner zu jedem v-Wert eindeutig ein λ-Wert gehört $\left(\lambda = \frac{c_2 v}{T}\right)$, wenn eine Temperatur T fest gewählt ist, so kann man als dritte Skala eine λ-Skala eintragen (siehe Abb. 6 und 7). In der Praxis wird man im allgemeinen eine solche λ-Skala benutzen.

From the last form (a Stieltjes integral), it is seen that the integral $F(\lambda, T)$ may be obtained directly by running a planimeter around the enclosed area, where $D(\lambda)$ is plotted against an abscissa which is linear in $B(v)$. Since there is a one-to-one correspondence between $B(v)$ and v, it is possible to give the abscissa in terms of v, resulting in a non-linear v-axis as shown in Fig. 5. Further, because of the relation $\lambda = \frac{c_2 v}{T}$ between v and λ, which is one-to-one for any given value of T, it is also possible to give the abscissa in terms of λ (see Figs. 6 and 7). In practice, such a λ-scale is generally used.

Zur Bestimmung dieser verzerrten λ-Maßstäbe geht man so vor: Zunächst wird eine Maßstabseinheit gewählt, in der $B(v)$ von $B(0) = 0$ bis $B(\infty) = 1$ linear aufgetragen wird. Mit Hilfe der Tabelle 4 werden dann diejenigen v-Werte für die λ bestimmt, für die $D(\lambda)$ bei einer bestimmten Temperatur T gegeben ist. Schließlich schlägt man die $B(v)$-Werte in der Tabelle 1 für die errechneten v nach und trägt $D(\lambda)$ über den entsprechenden Werten von $B(v)$ auf. Ist zum Beispiel $D(\lambda)$ gegeben für $\lambda = 2\,\mu$ bei $T = 2400°$ K, dann folgt aus Tabelle 4 ein v-Wert von $v = 0{,}33380$. Der Wert $B(v)$ für dieses v ist 0,60790. Damit kann über $B(v) = 0{,}60790$ auf der linearen $B(v)$-Teilung $\lambda = 2\,\mu$ auf der λ-Teilung markiert werden. In Abb. 8 sind diese Werte auf den entsprechenden Skalen eingetragen. Die Arbeit wird erheblich vereinfacht durch vorgedrucktes Koordinatenpapier mit der Abszisse v und Ordinate $D(\lambda)$ (siehe Abb. 5). Man braucht dann nur noch zu denjenigen λ, für die $D(\lambda)$ gegeben ist,

The order of procedure is now as follows: first choose a scale unit to represent the total range of the abscissa from $B(0) = 0$ to $B(\infty) = 1$; then, for these values of λ at which $D(\lambda)$ is given, determine the corresponding values of v (cf. Table 4) for the given value of T; finally obtain the appropriate values of $B(v)$ from Table 1, and plot $D(\lambda)$ against the appropriate values of $B(v)$. If for example $D(\lambda)$ is given for $\lambda = 2\,\mu$ with $T = 2400°$ K, then a value of $v = 0.33380$ follows from Table 4. The corresponding value of $B(v)$ is 0.60790. The value $\lambda = 2\,\mu$ on the λ-scale is therefore marked at the point 0.60790 of the distance along the linear $B(v)$-scale. These values are shown in Fig. 8 on their respective scales. This procedure can be considerably simplified by using special graph paper (cf. Fig. 5) on which $D(\lambda)$ may be plotted directly against v. It is then merely necessary to obtain the values of v corresponding to those values of λ for which $D(\lambda)$ is given,

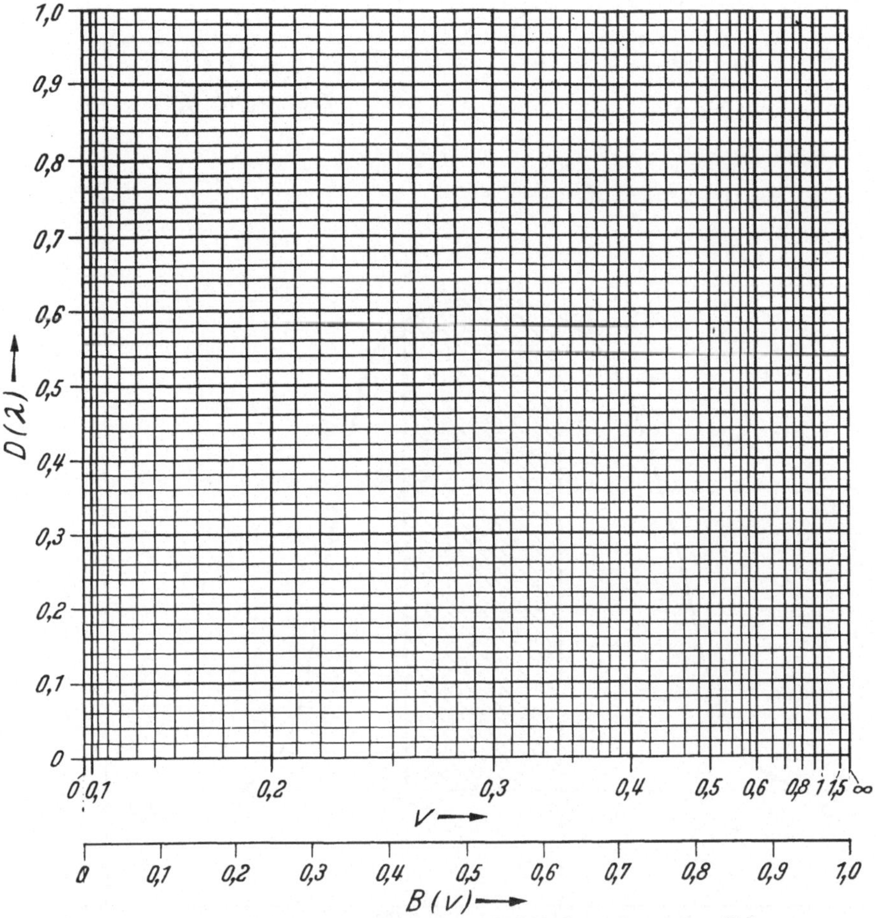

Abb. 5. Koordinatenpapier mit linearer $B(v)$-Abszisse und verzerrter v-Teilung.
Fig. 5. Graph paper with abscissa linear in $B(v)$, showing the distortion in the v scale.

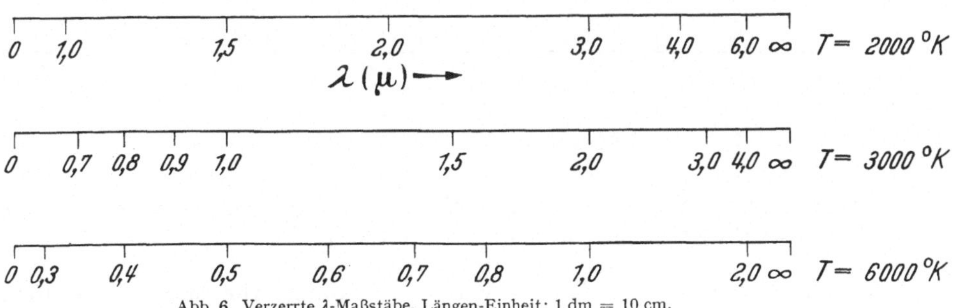

Abb. 6. Verzerrte λ-Maßstäbe. Längen-Einheit: 1 dm = 10 cm.
Fig. 6. Distorted λ-scales. Total scale length: 1 dm = 10 cm.

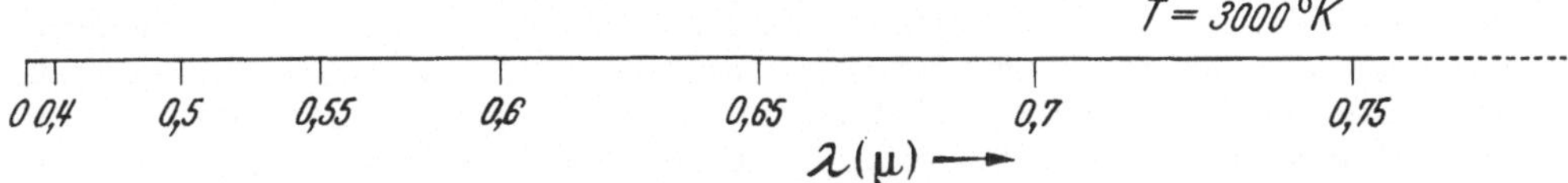

Abb. 7. Verzerrter λ-Maßstab. Längen-Einheit 1m.
Fig. 7. Distorted λ-scale. Totale scale length 1 m.

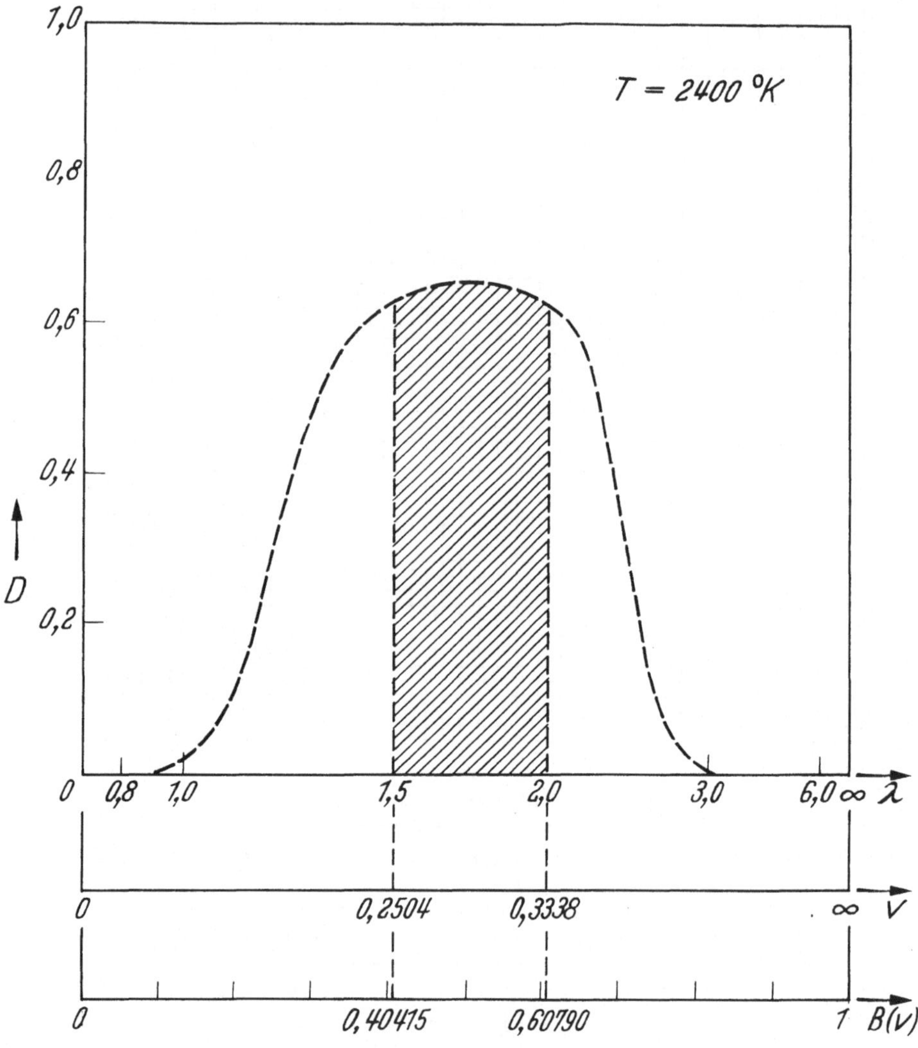

Abb. 8. Erläuterung siehe Text. Längen-Einheit 1 dm = 10 cm.

Fig. 8. Explanation in text. Total $B(v)$-scale = 1 dm = 10 cm.

die zugehörigen v-Werte zu bestimmen und kann anschließend die Kurve direkt zeichnen.

Beim Einsetzen von F in (34) muß die richtige Maßstabseinheit für die Fläche gewählt werden. In Abb. 5 enthält ein Dezimeter der Abszisse den gesamten v-Bereich, ein Dezimeter der Ordinate den gesamten $D(\lambda)$-Bereich; daher ergibt sich F in dm². In Abb. 8 wird z. B. das Integral (32) für ein Ultrarotfilterglas und für die Temperatur $T = 2400°$ K

whence the $D(\lambda)$-curve may be drawn directly.

To obtain the value of the integral J in (34), one must of course use the appropriate units for F. In Figure 5 the total v-scale is 1 dm (= 10 cm) in length, as is the $D(\lambda)$-scale; the resulting unit of area is therefore dm². Figure 8 gives an example of the determination of the integral (32) for an infra-red glass filter at a temperature of $T = 2400°$ K. The

berechnet. Die Maßstabseinheit für beide Koordinatenachsen ist wieder ein Dezimeter. Der Inhalt F der schraffierten Fläche entspricht dem Integral (25) zwischen den Grenzen $\lambda_1 = 1{,}5\,\mu$ und $\lambda_2 = 2{,}0\,\mu$ für die gezeichnete Funktion $D(\lambda)$. Ergibt sich die Fläche zu $13\,\text{cm}^2 = 0{,}13\,\text{dm}^2$, so beträgt der Wert des Integrals J in dem gewählten λ-Bereich

scale unit for both coordinate axes is again 1 dm. The shaded area F corresponds to the integral (35) from $\lambda_1 = 1.5\,\mu$ to $\lambda_2 = 2.0\,\mu$ for the plotted function $D(\lambda)$; if the shaded area is $13\,\text{cm}^2 = 0.13\,\text{dm}^2$, then the value of the integral J over that λ range is

$$J = 0{,}13\,\frac{\sigma}{\pi}\,T^4 .$$

Der Vorteil des Verfahrens liegt darin, daß die Berechnung des Integrals für eine andere Durchlässigkeits-Funktion keine andere Vorarbeit als das Eintragen einer neuen Kurve erfordert.

The advantage of this method lies in the fact that the calculation of the integral for another transmissivity function requires only the drawing of the corresponding new curve prior to the use of the planimeter.

Die Art der Verzerrung des λ-Maßstabes hat einen anschaulichen Sinn: Dort, wo im Spektrum der schwarzen Strahlung hohe Intensitäten auftreten, liegen auf der verzerrten λ-Skala die einzelnen λ-Werte weit auseinander und geben so diesen Gebieten bei der Planimetrierung großes Gewicht. Die λ-Werte drängen sich dagegen dort eng zusammen, wo eine relativ kleine Intensität im Spektrum vorhanden ist (vgl. Abb. 6 und 7).

The distortion of the λ-scale exhibits clearly the following fact: for those intervals in the spectrum having high intensity of black radiation, it is seen that the λ values are widely spaced, more weight thus being given to these intervals in the planimetric evaluation of the area; similarly, for those intervals with a relatively small intensity, the λ values are closely spaced (cf. Figs. 6 and 7).

Zum Schluß sei noch darauf hingewiesen, daß mit der Methode des verzerrten λ-Maßstabes auch das folgende seltener auftretende Integral* behandelt werden kann:

Finally it should be noted that the following less frequent integral* may be treated in analogous fashion:

$$\int_0^\lambda D(\lambda)\,\frac{\partial}{\partial T}\,E(\lambda,T)\,d\lambda = \int_0^\lambda D(\lambda)\,\frac{\partial}{\partial T}\left(\frac{2c_1\lambda^{-5}}{e^{\frac{c_2}{\lambda T}}-1}\right)d\lambda . \tag{36}$$

Wieder bedeutet $D(\lambda)$ eine empirisch gegebene Funktion. Anstelle der Funktion $B(v)$ muß die Funktion $B^*(v)$ genommen werden.

Again the method of the distorted v-scale is applied, with the function $B^*(v)$ being employed instead of $B(v)$.

* Ein Beispiel für ein solches Integral findet man in der Arbeit von M. Czerny, L. Genzel und G. Heilmann über den Strahlungsstrom im Innern von Glaswannen, Berichte der Deutschen Glastechnischen Gesellschaft **28** (1955), S. 185–190.

* An example of such an integral can be found in the paper by M. Czerny, L. Genzel, and G. Heilmann on the radiation current in the interior of glass tanks, Report of the Deutsche Glastechnische Gesellschaft **28** (1955), pages 185–190.

Tabelle 1 — Table 1

$B(v)$	$B'(v)$	$B^*(v)$

$$\int_0^{\lambda} E(\lambda,T)\,d\lambda = \frac{\sigma}{\pi}\, T^4 B(v)$$

$$E(\lambda,T) = \frac{\sigma}{\pi c_2}\, T^5 B'(v)$$

$$\int_0^{\lambda} \frac{\partial}{\partial T} E(\lambda,T)\,d\lambda = \frac{4\sigma}{\pi}\, T^3 B^*(v)$$

$$E(\lambda,T) = \frac{2\,c_1 \lambda^{-5}}{e^{\frac{c_2}{\lambda T}} - 1} \qquad v = \frac{\lambda T}{c_2}$$

σ und c_2 siehe Seite 8
T^n „ „ 56
v „ „ 57

σ and c_2 see page 8
T^n „ „ 56
v „ „ 57

v	$10^5 B(v)$	Diff.	$10^2 B'(v)$	Diff.	$10^4 B^*(v)$	Diff.
0,040	0,003 775 9		0,002 088 5		0,002 466 1	
		2 695 7		1 307 9		1 662 4
41	0,006 471 6		0,003 396 4		0,004 128 5	
		4 322		1 985 1		2 601 4
42	0,010 794		0,005 381 5		0,006 729 9	
		6 758		2 941 5		3 972
43	0,017 552		0,008 323 0		0,010 702	
		10 327		4 263		5 931
44	0,027 879		0,012 586		0,016 633	
		15 441		6 054		8 669
45	0,043 320		0,018 640		0,025 302	
		22 630		8 432		12 426
46	0,065 950		0,027 072		0,037 728	
		32 548		11 538		17 488
47	0,098 498		0,038 610		0,055 216	
		46 00		15 526		24 197
48	0,144 50		0,054 136		0,079 413	
		63 95		20 571		32 95
49	0,208 45		0,074 707		0,112 36	
		87 55		26 86		44 20
0,050	0,296 00		0,101 57		0,156 56	
		118 16		34 59		58 47
51	0,414 16		0,136 16		0,215 03	
		157 30		44 00		76 32
52	0,571 46		0,180 16		0,291 35	
		206 78		55 28		98 43
53	0,778 24		0,235 44		0,389 78	
		268 6		68 67		125 45
54	1,046 8		0,304 11		0,515 23	
		344 9		84 41		158 16
55	1,391 7		0,388 52		0,673 39	
		438 2		102 72		197 34
56	1,829 9		0,491 24		0,870 73	
		551 3		123 82		243 9
57	2,381 2		0,615 06		1,114 6	
		686 9		147 93		298 5
58	3,068 1		0,762 99		1,413 1	
		848 2		175 24		362 4
59	3,916 3		0,938 23		1,775 5	
		1038 5		206 0		436 2
0,060	4,954 8		1,144 2		2,211 7	

$10^5 B(v) = 0{,}003\,775\,9$ bedeutet / means $B(v) = 3{,}775\,9 \cdot 10^{-8}$

v	$10^4\,B(v)$	Diff.	$10^2\,B'(v)$	Diff.	$10^4\,B^*(v)$	Diff.
0,0600	0,495 48	11 55	1,144 2	22 4	2,211 7	48 1
01	0,507 03	11 78	1,166 6	22 8	2,259 8	49 0
02	0,518 81	12 01	1,189 4	23 1	2,308 8	49 8
03	0,530 82	12 24	1,212 5	23 5	2,358 6	50 7
04	0,543 06	12 48	1,236 0	23 8	2,409 3	51 7
05	0,555 54	12 72	1,259 8	24 2	2,461 0	52 5
06	0,568 26	12 96	1,284 0	24 5	2,513 5	53 4
07	0,581 22	13 21	1,308 5	24 9	2,566 9	54 4
08	0,594 43	13 46	1,333 4	25 3	2,621 3	55 3
09	0,607 89	13 72	1,358 7	25 7	2,676 6	56 2
0,0610	0,621 61	13 97	1,384 4	26 0	2,732 8	57 2
11	0,635 58	14 24	1,410 4	26 5	2,790 0	58 2
12	0,649 82	14 50	1,436 9	26 8	2,848 2	59 2
13	0,664 32	14 77	1,463 7	27 2	2,907 4	60 2
14	0,679 09	15 05	1,490 9	27 6	2,967 6	61 2
15	0,694 14	15 32	1,518 5	28 0	3,028 8	62 3
16	0,709 46	15 61	1,546 5	28 4	3,091 1	63 3
17	0,725 07	15 89	1,574 9	28 8	3,154 4	64 3
18	0,740 96	16 19	1,603 7	29 2	3,218 7	65 4
19	0,757 15	16 47	1,632 9	29 7	3,284 1	66 5
0,0620	0,773 62	16 78	1,662 6	30 0	3,350 6	67 6
21	0,790 40	17 08	1,692 6	30 5	3,418 2	68 7
22	0,807 48	17 38	1,723 1	30 9	3,486 9	69 8
23	0,824 86	17 70	1,754 0	31 3	3,556 7	71 0
24	0,842 56	18 01	1,785 3	31 8	3,627 7	72 1
25	0,860 57	18 33	1,817 1	32 2	3,699 8	73 3
26	0,878 90	18 66	1,849 3	32 6	3,773 1	74 4
27	0,897 56	18 98	1,881 9	33 1	3,847 5	75 6
28	0,916 54	19 32	1,915 0	33 6	3,923 1	76 9
29	0,935 86	19 66	1,948 6	34 0	4,000 0	78 0
0,0630	0,955 52	19 99	1,982 6	34 4	4,078 0	79 3
31	0,975 51	20 35	2,017 0	34 9	4,157 3	80 6
32	0,995 86	20 7	2,051 9	35 4	4,237 9	81 8
33	1,016 6	21 0	2,087 3	35 8	4,319 7	83 1
34	1,037 6	21 4	2,123 1	36 3	4,402 8	84 3
35	1,059 0	21 8	2,159 4	36 8	4,487 1	85 7
36	1,080 8	22 1	2,196 2	37 3	4,572 8	87 0
37	1,102 9	22 6	2,233 5	37 8	4,659 8	88 3
38	1,125 5	22 9	2,271 3	38 2	4,748 1	89 7
39	1,148 4	23 3	2,309 5	38 7	4,837 8	91 0
0,0640	1,171 7		2,348 2		4,928 8	

v	$10^4 B(v)$	Diff.	$10^2 B'(v)$	Diff.	$10^4 B^*(v)$	Diff.
0,0640	1,171 7		2,348 2		4,928 8	
		23 6		39 3		92 4
41	1,195 3		2,387 5		5,021 2	
		24 1		39 7		93 9
42	1,219 4		2,427 2		5,115 1	
		24 5		40 2		95 2
43	1,243 9		2,467 4		5,210 3	
		24 9		40 8		96 6
44	1,268 8		2,508 2		5,306 9	
		25 2		41 2		98 1
45	1,294 0		2,549 4		5,405 0	
		25 8		41 8		99 6
46	1,319 8		2,591 2		5,504 6	
		26 1		42 3		101 0
47	1,345 9		2,633 5		5,605 6	
		26 5		42 8		102 5
48	1,372 4		2,676 3		5,708 1	
		27 0		43 4		104 0
49	1,399 4		2,719 7		5,812 1	
		27 4		43 9		105 5
0,0650	1,426 8		2,763 6		5,917 6	
		27 9		44 4		107 1
51	1,454 7		2,808 0		6,024 7	
		28 3		45 0		108 6
52	1,483 0		2,853 0		6,133 3	
		28 7		45 5		110 2
53	1,511 7		2,898 5		6,243 5	
		29 3		46 0		111 7
54	1,541 0		2,944 5		6,355 2	
		29 6		46 6		113 4
55	1,570 6		2,991 1		6,468 6	
		30 2		47 2		115 0
56	1,600 8		3,038 3		6,583 6	
		30 6		47 7		116 6
57	1,631 4		3,086 0		6,700 2	
		31 1		48 3		118 2
58	1,662 5		3,134 3		6,818 4	
		31 6		48 9		120 0
59	1,694 1		3,183 2		6,938 4	
		32 1		49 4		121 6
0,0660	1,726 2		3,232 6		7,060 0	
		32 5		50 0		123 3
61	1,758,7		3,282 6		7,183 3	
		33 1		50 6		125 0
62	1,791 8		3,333 2		7,308 3	
		33 6		51 2		126 7
63	1,825 4		3,384 4		7,435 0	
		34 1		51 7		128 5
64	1,859 5		3,436 1		7,563 5	
		34 6		52 4		130 3
65	1,894 1		3,488 5		7,693 8	
		35 2		53 0		132 0
66	1,929 3		3,541 5		7,825 8	
		35 7		53 5		133 9
67	1,965 0		3,595 0		7,959 7	
		36 2		54 2		135 6
68	2,001 2		3,649 2		8,095 3	
		36 7		54 7		137 5
69	2,037 9		3,703 9		8,232 8	
		37 4		55 4		139 3
0,0670	2,075 3		3,759 3		8,372 1	
		37 8		56 0		141 3
71	2,113 1		3,815 3		8,513 4	
		38 5		56 7		143 1
72	2,151 6		3,872 0		8,656 5	
		39 0		57 2		145 0
73	2,190 6		3,929 2		8,801 5	
		39 6		57 9		146 9
74	2,230 2		3,987 1		8,948 4	
		40 1		58 5		148 8
75	2,270 3		4,045 6		9,097 2	
		40 8		59 1		150 9
76	2,311 1		4,104 7		9,248 1	
		41 3		59 8		152 7
77	2,352 4		4,164 5		9,400 8	
		42 0		60 4		154 8
78	2,394 4		4,224 9		9,555 6	
		42 5		61 1		156 8
79	2,436 9		4,286 0		9,712 4	
		43 2		61 7		158 9
0,0680	2,480 1		4,347 7		9,871 3	

v	$10^4\,B(v)$	Diff.	$10^2\,B'(v)$	Diff.	$10^3\,B^*(v)$	Diff.
0,0680	2,480 1	43 8	4,347 7	62 4	0,987 13	16 1
81	2,523 9	44 4	4,410 1	63 1	1,003 2	16 3
82	2,568 3	45 0	4,473 2	63 7	1,019 5	16 5
83	2,613 3	45 7	4,536 9	64 4	1,036 0	16 7
84	2,659 0	46 4	4,601 3	65 0	1,052 7	16 9
85	2,705 4	47 0	4,666 3	65 7	1,069 6	17 2
86	2,752 4	47 6	4,732 0	66 4	1,086 8	17 3
87	2,800 0	48 3	4,798 4	67 1	1,104 1	17 6
88	2,848 3	49 0	4,865 5	67 8	1,121 7	17 8
89	2,897 3	49 7	4,933 3	68 5	1,139 5	18 0
0,0690	2,947 0	50 4	5,001 8	69 1	1,157 5	18 2
91	2,997 4	51 0	5,070 9	69 9	1,175 7	18 5
92	3,048 4	51 8	5,140 8	70 6	1,194 2	18 7
93	3,100 2	52 4	5,211 4	71 2	1,212 9	18 9
94	3,152 6	53 2	5,282 6	72 0	1,231 8	19 1
95	3,205 8	53 9	5,354 6	72 7	1,250 9	19 4
96	3,259 7	54 7	5,427 3	73 4	1,270 3	19 6
97	3,314 4	55 4	5,500 7	74 1	1,289 9	19 9
98	3,369 8	56 1	5,574 8	74 9	1,309 8	20 1
99	3,425 9	56 9	5,649 7	75 6	1,329 9	20 3
0,0700	3,482 8	57 6	5,725 3	76 3	1,350 2	20 6
01	3,540 4	58 4	5,801 6	77 0	1,370 8	20 8
02	3,598 8	59 2	5,878 6	77 8	1,391 6	21 0
03	3,658 0	59 9	5,956 4	78 5	1,412 6	21 3
04	3,717 9	60 8	6,034 9	79 3	1,433 9	21 6
05	3,778 7	61 5	6,114 2	80 0	1,455 5	21 8
06	3,840 2	62 4	6,194 2	80 8	1,477 3	22 1
07	3,902 6	63 1	6,275 0	81 6	1,499 4	22 3
08	3,965 7	64 0	6,356 6	82 3	1,521 7	22 6
09	4,029 7	64 8	6,438 9	83 0	1,544 3	22 8
0,0710	4,094 5	65 6	6,521 9	83 9	1 567 1	23 1
11	4 160 1	66 5	6,605 8	84 6	1,590 2	23 3
12	4,226 6	67 3	6,690 4	85 4	1,613 5	23 7
13	4,293 9	68 2	6,775 8	86 1	1,637 2	23 9
14	4,362 1	69 1	6,861 9	87 0	1,661 1	24 1
15	4,431 2	69 9	6,948 9	87 7	1,685 2	24 5
16	4,501 1	70 8	7,036 6	88 5	1,709 7	24 7
17	4,571 9	71 7	7,125 1	89 3	1,734 4	24 9
18	4,643 6	72 6	7,214 4	90 1	1,759 3	25 3
19	4,716 2	73 5	7,304 5	90 9	1,784 6	25 5
0,0720	4,789 7		7,395 4		1,810 1	

v	$10^4\,B(v)$	Diff.	$B'(v)$	Diff.	$10^3\,B^*(v)$	Diff.
0,0720	4,789 7	74 4	0,073 954	917	1,810 1	25 9
21	4,864 1	75 3	0,074 871	925	1,836 0	26 1
22	4,939 4	76 3	0,075 796	933	1,862 1	26 4
23	5,015 7	77 2	0,076 729	942	1,888 5	26 6
24	5,092 9	78 2	0,077 671	949	1,915 1	27 0
25	5,171 1	79 1	0,078 620	958	1,942 1	27 3
26	5,250 2	80 0	0,079 578	966	1,969 4	27 5
27	5,330 2	81 0	0,080 544	974	1,996 9	27 8
28	5,411 2	82 1	0,081 518	982	2,024 7	28 2
29	5,493 3	82 9	0,082 500	991	2,052 9	28 4
0,0730	5,576 2	84 0	0,083 491	999	2,081 3	28 8
31	5,660 2	85 0	0,084 490	1 007	2,110 1	29 0
32	5,745 2	86 0	0,085 497	1 016	2,139 1	29 4
33	5,831 2	87 1	0,086 513	1 024	2,168 5	29 6
34	5,918 3	88 0	0,087 537	1 033	2,198 1	30 0
35	6,006 3	89 1	0,088 570	1 041	2,228 1	30 3
36	6,095 4	90 1	0,089 611	1 050	2,258 4	30 6
37	6,185 5	91 2	0,090 661	1 058	2,289 0	30 9
38	6,276 7	92 3	0,091 719	1 067	2,319 9	31 2
39	6,369 0	93 3	0,092 786	1 076	2,351 1	31 6
0,0740	6,462 3	94 4	0,093 862	1 084	2,382 7	31 8
41	6,556 7	95 5	0,094 946	1 093	2,414 5	32 2
42	6,652 2	96 6	0,096 039	1 102	2,446 7	32 6
43	6,748 8	97 7	0,097 141	1 110	2,479 3	32 8
44	6,846 5	98 8	0,098 251	1 119	2,512 1	33 2
45	6,945 3	99 9	0,099 370	1 13	2,545 3	33 5
46	7,045 2	101 1	0,100 50	1 13	2,578 8	33 9
47	7,146 3	102 2	0,101 63	1 15	2,612 7	34 1
48	7,248 5	103 4	0,102 78	1 15	2,646 8	34 6
49	7,351 9	104 5	0,103 93	1 17	2,681 4	34 8
0,0750	7,456 4	105 6	0,105 10	1 17	2,716 2	35 2
51	7,562 0	106 9	0,106 27	1 18	2,751 4	35 6
52	7,668 9	108 1	0,107 45	1 19	2,787 0	35 9
53	7,777 0	109 2	0,108 64	1 20	2,822 9	36 2
54	7,886 2	110 4	0,109 84	1 21	2,859 1	36 6
55	7,996 6	111 7	0,111 05	1 22	2,895 7	37 0
56	8,108 3	112 9	0,112 27	1 22	2 932 7	37 3
57	8,221 2	114 1	0,113 49	1 24	2,970 0	37 6
58	8,335 3	115 3	0,114 73	1 24	3,007 6	38 0
59	8,450 6	116 6	0,115 97	1 26	3,045 6	38 4
0,0760	8,567 2		0,117 23		3,084 0	

v	$10^3\,B(v)$	Diff.	$B'(v)$	Diff.	$10^3\,B^*(v)$	Diff.
0,0760	0,856 72	11 79	0,117 23	1 26	3,084 0	38 8
61	0,868 51	11 91	0,118 49	1 27	3,122 8	39 1
62	0,880 42	12 04	0,119 76	1 28	3,161 9	39 4
63	0,892 46	12 17	0,121 04	1 29	3,201 3	39 9
64	0,904 63	12 30	0,122 33	1 30	3,241 2	40 2
65	0,916 93	12 43	0,123 63	1 31	3,281 4	40 6
66	0,929 36	12 56	0,124 94	1 32	3,322 0	41 0
67	0,941 92	12 69	0,126 26	1 33	3,363 0	41 3
68	0,954 61	12 82	0,127 59	1 34	3,404 3	41 7
69	0,967 43	12 96	0,128 93	1 34	3,446 0	42 1
0,0770	0,980 39	13 10	0,130 27	1 36	3,488 1	42 5
71	0,993 49	13 2	0,131 63	1 36	3,530 6	42 9
72	1,006 7	13 4	0,132 99	1 38	3,573 5	43 3
73	1,020 1	13 5	0,134 37	1 38	3,616 8	43 6
74	1,033 6	13 6	0,135 75	1 40	3,660 4	44 1
75	1,047 2	13 8	0,137 15	1 40	3,704 5	44 4
76	1,061 0	13 9	0,138 55	1 41	3,748 9	44 8
77	1,074 9	14 1	0,139 96	1 43	3,793 7	45 3
78	1,089 0	14 2	0,141 39	1 43	3,839 0	45 6
79	1,103 2	14 4	0,142 82	1 44	3,884 6	46 0
0,0780	1,117 6	14 5	0,144 26	1 45	3,930 6	46 5
81	1,132 1	14 6	0,145 71	1 46	3,977 1	46 8
82	1,146 7	14 8	0,147 17	1 47	4,023 9	47 3
83	1,161 5	15 0	0,148 64	1 48	4,071 2	47 6
84	1,176 5	15 0	0,150 12	1 49	4,118 8	48 1
85	1,191 5	15 3	0,151 61	1 50	4,166 9	48 5
86	1,206 8	15 4	0,153 11	1 51	4,215 4	48 9
87	1,222 2	15 5	0,154 62	1 52	4,264 3	49 3
88	1,237 7	15 7	0,156 14	1 53	4,313 6	49 8
89	1,253 4	15 8	0,157 67	1 54	4,363 4	50 1
0,0790	1,269 2	16 0	0,159 21	1 54	4,413 5	50 6
91	1,285 2	16 2	0,160 75	1 56	4,464 1	51 1
92	1,301 4	16 3	0,162 31	1 57	4,515 2	51 4
93	1,317 7	16 5	0,163 88	1 58	4,566 6	51 9
94	1,334 2	16 6	0,165 46	1 59	4,618 5	52 3
95	1,350 8	16 8	0,167 05	1 59	4,670 8	52 8
96	1,367 6	16 9	0,168 64	1 61	4,723 6	53 1
97	1,384 5	17 1	0,170 25	1 62	4,776 7	53 7
98	1,401 6	17 3	0,171 87	1 62	4,830 4	54 0
99	1,418 9	17 4	0,173 49	1 64	4,884 4	54 5
0,0800	1,436 3		0,175 13		4,938 9	

v	$10^3 B(v)$	Diff.	$B'(v)$	Diff.	$10^3 B^*(v)$	Diff.
0,0800	1,436 3	17 6	0,175 13	1 65	4,938 9	55 0
01	1,453 9	17 8	0,176 78	1 65	4,993 9	55 4
02	1,471 7	17 9	0,178 43	1 67	5,049 3	55 8
03	1,489 6	18 1	0,180 10	1 68	5,105 1	56 3
04	1,507 7	18 3	0,181 78	1 68	5,161 4	56 8
05	1,526 0	18 4	0,183 46	1 70	5,218 2	57 2
06	1,544 4	18 6	0,185 16	1 71	5,275 4	57 6
07	1,563 0	18 8	0,186 87	1 71	5,333 0	58 2
08	1,581 8	18 9	0,188 58	1 73	5,391 2	58 5
09	1,600 7	19 1	0,190 31	1 74	5,449 7	59 1
0,0810	1,619 8	19 3	0,192 05	1 74	5,508 8	59 5
11	1,639 1	19 5	0,193 79	1 76	5,568 3	60 0
12	1,658 6	19 6	0,195 55	1 77	5,628 3	60 4
13	1,678 2	19 8	0,197 32	1 77	5,688 7	60 9
14	1,698 0	20 0	0,199 09	1 79	5,749 6	61 4
15	1,718 0	20 2	0,200 88	1 80	5,811 0	61 9
16	1,738 2	20 4	0,202 68	1 81	5,872 9	62 3
17	1,758 6	20 5	0,204 49	1 81	5,935 2	62 8
18	1,779 1	20 7	0,206 30	1 83	5,998 0	63 3
19	1,799 8	20 9	0,208 13	1 84	6,061 3	63 8
0,0820	1,820 7	21 1	0,209 97	1 84	6,125 1	64 2
21	1,841 8	21 3	0,211 81	1 86	6,189 3	64 8
22	1,863 1	21 5	0,213 67	1 87	6,254 1	65 2
23	1,884 6	21 6	0,215 54	1 88	6,319 3	65 7
24	1,906 2	21 9	0,217 42	1 89	6,385 0	66 2
25	1,928 1	22 0	0,219 31	1 89	6,451 2	66 7
26	1,950 1	22 2	0,221 20	1 91	6,517 9	67 2
27	1,972 3	22 4	0,223 11	1 92	6,585 1	67 7
28	1,994 7	22 6	0,225 03	1 93	6,652 8	68 2
29	2,017 3	22 8	0,226 96	1 94	6,721 0	68 7
0,0830	2,040 1	23 0	0,228 90	1 95	6,789 7	69 2
31	2,063 1	23 2	0,230 85	1 95	6,858 9	69 7
32	2,086 3	23 3	0,232 80	1 97	6,928 6	70 2
33	2,109 6	23 6	0,234 77	1 98	6,998 8	70 7
34	2,133 2	23 8	0,236 75	1 99	7,069 5	71 3
35	2,157 0	24 0	0,238 74	2 00	7,140 8	71 7
36	2,181 0	24 1	0,240 74	2 01	7,212 5	72 2
37	2,205 1	24 4	0,242 75	2 02	7,284 7	72 8
38	2,229 5	24 6	0,244 77	2 03	7,357 5	73 3
39	2,254 1	24 8	0,246 80	2 04	7,430 8	73 8
0,0840	2,278 9		0,248 84		7,504 6	

v	$10^3\,B(v)$	Diff.	$B'(v)$	Diff.	$10^2\,B^*(v)$	Diff.
0,0840	2,278 9	25 0	0,248 84	2 05	0,750 46	7 43
41	2,303 9	25 2	0,250 89	2 06	0,757 89	7 49
42	2,329 1	25 4	0,252 95	2 08	0,765 38	7 53
43	2,354 5	25 6	0,255 03	2 08	0,772 91	7 59
44	2,380 1	25 8	0,257 11	2 09	0,780 50	7 64
45	2,405 9	26 0	0,259 20	2 10	0,788 14	7 70
46	2,431 9	26 2	0,261 30	2 11	0,795 84	7 75
47	2,458 1	26 5	0,263 41	2 12	0,803 59	7 80
48	2,484 6	26 6	0,265 53	2 14	0,811 39	7 85
49	2,511 2	26 9	0,267 67	2 14	0,819 24	7 91
0,0850	2,538 1	27 1	0,269 81	2 15	0,827 15	7 97
51	2,565 2	27 3	0,271 96	2 16	0,835 12	8 01
52	2,592 5	27 5	0,274 12	2 17	0,843 13	8 07
53	2,620 0	27 8	0,276 29	2 19	0,851 20	8 13
54	2,647 8	27 9	0,278 48	2 19	0,859 33	8 18
55	2,675 7	28 2	0,280 67	2 20	0,867 51	8 23
56	2,703 9	28 4	0,282 87	2 22	0,875 74	8 29
57	2,732 3	28 6	0,285 09	2 22	0,884 03	8 34
58	2,760 9	28 9	0,287 31	2 23	0,892 37	8 40
59	2,789 8	29 0	0,289 54	2 25	0,900 77	8 46
0,0860	2,818 8	29 3	0,291 79	2 25	0,909 23	8 51
61	2,848 1	29 5	0,294 04	2 27	0,917 74	8 56
62	2,877 6	29 8	0,296 31	2 27	0,926 30	8 62
63	2,907 4	30 0	0,298 58	2 28	0,934 92	8 68
64	2,937 4	30 2	0,300 86	2 30	0,943 60	8 74
65	2,967 6	30 4	0,303 16	2 30	0,952 34	8 79
66	2,998 0	30 7	0,305 46	2 32	0,961 13	8 84
67	3,028 7	30 8	0,307 78	2 32	0,969 97	8 91
68	3,059 5	31 2	0,310 10	2 34	0,978 88	8 96
69	3,090 7	31 3	0,312 44	2 34	0,987 84	9 01
0,0870	3,122 0	31 6	0,314 78	2 36	0,996 85	9 1
71	3,153 6	31 9	0,317 14	2 36	1,005 9	9 2
72	3,185 5	32 0	0,319 50	2 38	1,015 1	9 1
73	3,217 5	32 3	0,321 88	2 38	1,024 2	9 3
74	3,249 8	32 6	0,324 26	2 40	1,033 5	9 3
75	3,282 4	32 8	0,326 66	2 40	1,042 8	9 4
76	3,315 2	33 0	0,329 06	2 42	1,052 2	9 4
77	3,348 2	33 3	0,331 48	2 42	1,061 6	9 5
78	3,381 5	33 5	0,333 90	2 44	1,071 1	9 5
79	3,415 0	33 7	0,336 34	2 44	1,080 6	9 6
0,0880	3,448 7		0,338 78		1,090 2	

v	$10^3 B(v)$	Diff.	$B'(v)$	Diff.	$10^2 B^*(v)$	Diff.
0,0880	3,448 7	34 0	0,338 78	2 46	1,090 2	9 6
81	3,482 7	34 3	0,341 24	2 46	1,099 8	9 8
82	3,517 0	34 5	0,343 70	2 48	1,109 6	9 7
83	3,551 5	34 7	0,346 18	2 48	1,119 3	9 9
84	3,586 2	35 0	0,348 66	2 49	1,129 2	9 9
85	3,621 2	35 2	0,351 15	2 51	1,139 1	9 9
86	3,656 4	35 5	0,353 66	2 51	1,149 0	10 0
87	3,691 9	35 8	0,356 17	2 53	1,159 0	10 1
88	3,727 7	36 0	0,358 70	2 53	1,169 1	10 1
89	3,763 7	36 2	0,361 23	2 55	1,179 2	10 2
0,0890	3,799 9	36 5	0,363 78	2 55	1,189 4	10 2
91	3,836 4	36 8	0,366 33	2 56	1,199 6	10 4
92	3,873 2	37 0	0,368 89	2 58	1,210 0	10 3
93	3,910 2	37 3	0,371 47	2 58	1,220 3	10 5
94	3,947 5	37 5	0,374 05	2 59	1,230 8	10 4
95	3,985 0	37 8	0,376 64	2 61	1,241 2	10 6
96	4,022 8	38 1	0,379 25	2 61	1,251 8	10 6
97	4,060 9	38 3	0,381 86	2 62	1,262 4	10 7
98	4,099 2	38 6	0,384 48	2 63	1,273 1	10 7
99	4,137 8	38 8	0,387 11	2 64	1,283 8	10 8
0,0900	4,176 6	39 1	0,389 75	2 66	1,294 6	10 9
01	4,215 7	39 4	0,392 41	2 66	1,305 5	10 9
02	4,255 1	39 6	0,395 07	2 67	1 316 4	11 0
03	4,294 7	39 9	0,397 74	2 68	1,327 4	11 0
04	4,334 6	40 2	0,400 42	2 69	1,338 4	11 1
05	4,374 8	40 5	0,403 11	2 70	1,349 5	11 2
06	4,415 3	40 7	0,405 81	2 71	1,360 7	11 2
07	4,456 0	41 0	0,408 52	2 72	1,371 9	11 3
08	4,497 0	41 2	0,411 24	2 72	1,383 2	11 4
09	4,538 2	41 6	0,413 96	2 74	1,394 6	11 4
0,0910	4,579 8	41 8	0,416 70	2 75	1,406 0	11 5
11	4,621 6	42 1	0,419 45	2 76	1,417 5	11 5
12	4,663 7	42 3	0,422 21	2 76	1,429 0	11 6
13	4,706 0	42 6	0,424 97	2 78	1,440 6	11 7
14	4,748 6	43 0	0,427 75	2 78	1,452 3	11 7
15	4,791 6	43 2	0,430 53	2 80	1,464 0	11 8
16	4,834 8	43 4	0,433 33	2 80	1,475 8	11 9
17	4,878 2	43 8	0,436 13	2 81	1,487 7	11 9
18	4,922 0	44 0	0,438 94	2 83	1,499 6	12 0
19	4,966 0	44 3	0,441 77	2 83	1,511 6	12 0
0,0920	5,010 3		0,444 60		1,523 6	

v	$10^3\,B(v)$	Diff.	$B'(v)$	Diff.	$10^2\,B^*(v)$	Diff.
0,0920	5,010 3	44 6	0,444 60	2 84	1,523 6	12 1
21	5,054 9	44 9	0,447 44	2 85	1,535 7	12 2
22	5,099 8	45 2	0,450 29	2 86	1,547 9	12 2
23	5,145 0	45 5	0,453 15	2 87	1,560 1	12 4
24	5,190 5	45 7	0,456 02	2 88	1,572 5	12 3
25	5,236 2	46 0	0,458 90	2 89	1,584 8	12 5
26	5,282 2	46 4	0,461 79	2 89	1,597 3	12 5
27	5,328 6	46 6	0,464 68	2 91	1,609 8	12 5
28	5,375 2	46 9	0,467 59	2 91	1,622 3	12 7
29	5,422 1	47 2	0,470 50	2 93	1,635 0	12 6
0,0930	5,469 3	47 5	0,473 43	2 93	1,647 6	12 8
31	5,516 8	47 7	0,476 36	2 94	1,660 4	12 8
32	5,564 5	48 1	0,479 30	2 95	1,673 2	12 9
33	5,612 6	48 4	0,482 25	2 96	1,686 1	13 0
34	5,661 0	48 7	0,485 21	2 97	1,699 1	13 0
35	5,709 7	48 9	0,488 18	2 98	1,712 1	13 1
36	5,758 6	49 3	0,491 16	2 99	1,725 2	13 1
37	5,807 9	49 6	0,494 15	2 99	1,738 3	13 2
38	5,857 5	49 8	0,497 14	3 01	1,751 5	13 3
39	5,907 3	50 2	0,500 15	3 01	1,764 8	13 4
0,0940	5,957 5	50 5	0,503 16	3 03	1,778 2	13 4
41	6,008 0	50 7	0,506 19	3 03	1,791 6	13 5
42	6,058 7	51 1	0,509 22	3 04	1,805 1	13 5
43	6,109 8	51 4	0,512 26	3 05	1,818 6	13 6
44	6,161 2	51 7	0,515 31	3 05	1,832 2	13 7
45	6,212 9	52 0	0,518 36	3 07	1,845 9	13 8
46	6,264 9	52 2	0,521 43	3 08	1,859 7	13 8
47	6,317 1	52 7	0,524 51	3 08	1,873 5	13 9
48	6,369 8	52 9	0,527 59	3 09	1,887 4	13 9
49	6,422 7	53 2	0,530 68	3 10	1,901 3	14 0
0,0950	6,475 9	53 5	0,533 78	3 11	1,915 3	14 1
51	6,529 4	53 9	0,536 89	3 12	1,929 4	14 2
52	6,583 3	54 1	0,540 01	3 13	1,943 6	14 2
53	6,637 4	54 5	0,543 14	3 13	1,957 8	14 2
54	6,691 9	54 8	0,546 27	3 15	1,972 0	14 4
55	6,746 7	55 1	0,549 42	3 15	1,986 4	14 4
56	6,801 8	55 4	0,552 57	3 16	2,000 8	14 5
57	6,857 2	55 7	0,555 73	3 17	2,015 3	14 6
58	6,912 9	56 1	0,558 90	3 17	2,029 9	14 6
59	6,969 0	56 3	0,562 07	3 19	2,044 5	14 7
0,0960	7,025 3		0,565 26		2,059 2	

v	$10^3\,B(v)$	Diff.	$B'(v)$	Diff.	$10^2\,B^*(v)$	Diff.
0,0960	7,025 3	56 7	0,565 26	3 19	2,059 2	14 7
61	7,082 0	57 0	0,568 45	3 21	2,073 9	14 8
62	7,139 0	57 4	0,571 66	3 21	2,088 7	14 9
63	7,196 4	57 6	0,574 87	3 21	2,103 6	15 0
64	7,254 0	58 0	0,578 08	3 23	2,118 6	15 0
65	7,312 0	58 3	0,581 31	3 23	2,133 6	15 1
66	7,370 3	58 6	0,584 54	3 25	2,148 7	15 2
67	7,428 9	58 9	0,587 79	3 25	2,163 9	15 2
68	7,487 8	59 3	0,591 04	3 26	2,179 1	15 3
69	7,547 1	59 6	0,594 30	3 26	2,194 4	15 4
0,0970	7,606 7	59 9	0,597 56	3 28	2,209 8	15 4
71	7,666 6	60 3	0,600 84	3 28	2,225 2	15 5
72	7,726 9	60 5	0,604 12	3 29	2,240 7	15 6
73	7,787 4	60 9	0,607 41	3 30	2,256 3	15 6
74	7,848 3	61 3	0,610 71	3 31	2,271 9	15 7
75	7,909 6	61 5	0,614 02	3 31	2,287 6	15 8
76	7,971 1	61 9	0,617 33	3 33	2,303 4	15 9
77	8,033 0	62 3	0,620 66	3 33	2,319 3	15 9
78	8,095 3	62 5	0,623 99	3 33	2,335 2	16 0
79	8,157 8	62 9	0,627 32	3 35	2,351 2	16 0
0,0980	8,220 7	63 3	0,630 67	3 35	2,367 2	16 1
81	8,284 0	63 5	0,634 02	3 36	2,383 3	16 2
82	8,347 5	63 9	0,637 38	3 37	2,399 5	16 3
83	8,411 4	64 3	0,640 75	3 38	2,415 8	16 3
84	8,475 7	64 6	0,644 13	3 38	2,432 1	16 4
85	8,540 3	64 9	0,647 51	3 39	2,448 5	16 5
86	8,605 2	65 3	0,650 90	3 40	2,465 0	16 5
87	8,670 5	65 6	0,654 30	3 41	2,481 5	16 6
88	8,736 1	65 9	0,657 71	3 41	2,498 1	16 7
89	8,802 0	66 3	0,661 12	3 42	2,514 8	16 8
0,0990	8,868 3	66 6	0,664 54	3 43	2,531 6	16 8
91	8,934 9	67 0	0,667 97	3 43	2,548 4	16 9
92	9,001 9	67 3	0,671 40	3 45	2,565 3	16 9
93	9,069 2	67 6	0,674 85	3 45	2,582 2	17 0
94	9,136 8	68 0	0,678 30	3 45	2,599 2	17 1
95	9,204 8	68 4	0,681 75	3 47	2,616 3	17 2
96	9,273 2	68 7	0,685 22	3 47	2,633 5	17 2
97	9,341 9	69 0	0,688 69	3 48	2,650 7	17 3
98	9,410 9	69 4	0,692 17	3 48	2,668 0	17 4
99	9,480 3	69 8	0,695 65	3 49	2,685 4	17 5
0,1000	9,550 1		0,699 14		2,702 9	

v	$10^2 B(v)$	Diff.	$B'(v)$	Diff.	$10^2 B^*(v)$	Diff.
0,1000	0,955 01	7 00	0,699 14	3 50	2,702 9	17 5
01	0,962 01	7 05	0,702,64	3 51	2,720 4	17 6
02	0,969 06	7 08	0,706 15	3 51	2,738 0	17 6
03	0,976 14	7 11	0,709 66	3 52	2,755 6	17 7
04	0,983 25	7 15	0,713 18	3 53	2,773 3	17 8
05	0,990 40	7 19	0,716 71	3 53	2,791 1	17 9
06	0,997 59	7 2	0,720 24	3 55	2,809 0	17 9
07	1,004 8	7 3	0,723 79	3 54	2,826 9	18 0
08	1,012 1	7 3	0,727 33	3 56	2,844 9	18 1
09	1,019 4	7 3	0,730 89	3 56	2,863 0	18 2
0,1010	1,026 7	7 3	0,734 45	3 57	2,881 2	18 2
11	1,034 0	7 4	0,738 02	3 57	2,899 4	18 3
12	1,041 4	7 5	0,741 59	3 58	2,917 7	18 3
13	1,048 9	7 4	0,745 17	3 59	2,936 0	18 4
14	1,056 3	7 5	0,748 76	3 59	2,954 4	18 5
15	1,063 8	7 6	0,752 35	3 60	2,972 9	18 6
16	1,071 4	7 6	0,755 95	3 61	2,991 5	18 6
17	1,079 0	7 6	0,759 56	3 61	3,010 1	18 8
18	1,086 6	7 6	0,763 17	3 62	3,028 9	18 7
19	1,094 2	7 7	0,766 79	3 63	3,047 6	18 9
0,1020	1,101 9	7 7	0,770 42	3 63	3,066 5	18 9
21	1,109 6	7 8	0,774 05	3 64	3,085 4	19 0
22	1,117 4	7 8	0,777 69	3 64	3,104 4	19 0
23	1,125 2	7 8	0,781 33	3 65	3,123 4	19 2
24	1,133 0	7 9	0,784 98	3 66	3,142 6	19 2
25	1 140 9	7 9	0,788 64	3 66	3,161 8	19 3
26	1,148 8	7 9	0,792 30	3 67	3,181 1	19 3
27	1,156 7	8 0	0,795 97	3 68	3,200 4	19 4
28	1,164 7	8 0	0,799 65	3 68	3,219 8	19 5
29	1,172 7	8 1	0,803 33	3 68	3,239 3	19 5
0,1030	1,180 8	8 1	0,807 01	3 70	3,258 8	19 7
31	1,188 9	8 1	0,810 71	3 69	3,278 5	19 7
32	1,197 0	8 2	0,814 40	3 71	3,298 2	19 7
33	1,205 2	8 2	0,818 11	3 71	3,317 9	19 9
34	1,213 4	8 2	0,821 82	3 72	3,337 8	19 9
35	1,221 6	8 3	0,825 54	3 72	3,357 7	19 9
36	1,229 9	8 3	0,829 26	3 72	3,377 6	20 1
37	1,238 2	8 3	0,832 98	3 74	3,397 7	20 1
38	1,246 5	8 4	0,836 72	3 74	3,417 8	20 2
39	1,254 9	8 4	0,840 46	3 74	3,438 0	20 3
0,1040	1,263 3		0,844 20		3,458 3	

v	$10^2\,B(v)$	Diff.	$B'(v)$	Diff.	$10^2\,B^*(v)$	Diff.
0,1040	1,263 3	8 5	0,844 20	3 75	3,458 3	20 3
41	1,271 8	8 5	0,847 95	3 76	3,478 6	20 4
42	1,280 3	8 5	0,851 71	3 76	3,499 0	20 5
43	1,288 8	8 6	0,855 47	3 76	3,519 5	20 5
44	1,297 4	8 6	0,859 23	3 77	3,540 0	20 6
45	1,306 0	8 7	0,863 00	3 78	3,560 6	20 7
46	1,314 7	8 7	0,866 78	3 78	3,581 3	20 8
47	1,323 4	8 7	0,870 56	3 79	3,602 1	20 8
48	1,332 1	8 7	0,874 35	3 79	3,622 9	20 9
49	1,340 8	8 8	0,878 14	3 80	3,643 8	20 9
0,1050	1,349 6	8 9	0,881 94	3 80	3,664 7	21 1
51	1,358 5	8 9	0,885 74	3 81	3,685 8	21 1
52	1,367 4	8 9	0,889 55	3 81	3,706 9	21 2
53	1,376 3	8 9	0,893 36	3 82	3,728 1	21 2
54	1,385 2	9 0	0,897 18	3 83	3,749 3	21 3
55	1,394 2	9 0	0,901 01	3 82	3,770 6	21 4
56	1,403 2	9 1	0,904 83	3 84	3,792 0	21 5
57	1,412 3	9 1	0,908 67	3 83	3,813 5	21 5
58	1,421 4	9 2	0,912 50	3 85	3,835 0	21 6
59	1,430 6	9 1	0,916 35	3 84	3,856 6	21 7
0,1060	1,439 7	9 3	0,920 19	3 86	3,878 3	21 7
61	1,449 0	9 2	0,924 05	3 85	3,900 0	21 8
62	1,458 2	9 3	0,927 90	3 86	3,921 8	21 9
63	1,467 5	9 4	0,931 76	3 87	3,943 7	21 9
64	1,476 9	9 3	0,935 63	3 87	3,965 6	22 1
65	1,486 2	9 5	0,939 50	3 88	3,987 7	22 1
66	1,495 7	9 4	0,943 38	3 88	4,009 8	22 1
67	1,505 1	9 5	0,947 26	3 88	4,031 9	22 2
68	1,514 6	9 5	0,951 14	3 89	4,054 1	22 3
69	1,524 1	9 6	0,955 03	3 89	4,076 4	22 4
0,1070	1,533 7	9 6	0,958 92	3 90	4,098 8	22 5
71	1,543 3	9 7	0,962 82	3 90	4,121 3	22 5
72	1,553 0	9 6	0,966 72	3 91	4,143 8	22 6
73	1,562 6	9 8	0,970 63	3 91	4,166 4	22 6
74	1,572 4	9 7	0,974 54	3 91	4,189 0	22 7
75	1,582 1	9 8	0,978 45	3 92	4,211 7	22 8
76	1,591 9	9 9	0,982 37	3 93	4,234 5	22 9
77	1 601 8	9 9	0,986 30	3 92	4,257 4	22 9
78	1,611 7	9 9	0,990 22	3 93	4,280 3	23 0
79	1,621 6	9 9	0,994 15	3 94	4,303 3	23 1
0,1080	1,631 5		0,998 09		4,326 4	

v	$10^2\,B(v)$	Diff.	$B'(v)$	Diff.	$10^2\,B^*(v)$	Diff.
0,1080	1,631 5	10 0	0,998 09	3 9	4,326 4	23 1
81	1,641 5	10 1	1,002 0	4 0	4,349 5	23 2
82	1,651 6	10 1	1,006 0	3 9	4,372 7	23 3
83	1,661 7	10 1	1,009 9	4 0	4,396 0	23 4
84	1,671 8	10 1	1,013 9	3 9	4,419 4	23 4
85	1,681 9	10 2	1,017 8	4 0	4,442 8	23 5
86	1,692 1	10 3	1,021 8	3 9	4,466 3	23 5
87	1,702 4	10 3	1,025 7	4 0	4,489 8	23 7
88	1,712 7	10 3	1,029 7	4 0	4,513 5	23 7
89	1,723 0	10 3	1,033 7	4 0	4,537 2	23 7
0,1090	1,733 3	10 4	1,037 7	3 9	4,560 9	23 9
91	1,743 7	10 5	1,041 6	4 0	4,584 8	23 9
92	1,754 2	10 4	1,045 6	4 0	4,608 7	23 9
93	1,764 6	10 6	1,049 6	4 0	4,632 6	24 1
94	1,775 2	10 5	1,053 6	4 0	4,656 7	24 1
95	1,785 7	10 6	1,057 6	4 0	4,680 8	24 2
96	1,796 3	10 6	1,061 6	4 0	4,705 0	24 2
97	1,806 9	10 7	1,065 6	4 0	4,729 2	24 4
98	1,817 6	10 7	1,069 6	4 0	4,753 6	24 3
99	1,828 3	10 8	1,073 6	4 0	4,777 9	24 5
0,1100	1,839 1		1,077 6		4,802 4	
0,110	1,839 1	109 8	1,077 6	40 2	4,802 4	248 4
11	1,948 9	113 8	1,117 8	40 5	5,050 8	255 2
12	2,062 7	117 8	1,158 3	40 8	5,306 0	261 9
13	2,180 5	122 0	1,199 1	40 9	5,567 9	268 7
14	2,302 5	126 0	1,240 0	41 2	5,836 6	275 3
15	2,428 5	130 2	1,281 2	41 2	6,111 9	281 8
16	2,558 7	134 3	1,322 4	41 3	6,393 7	288 2
17	2,693 0	138 5	1,363 7	41 4	6,681 9	294 6
18	2,831 5	142 5	1,405 1	41 4	6,976 5	300 9
19	2,974 0	146 8	1,446 5	41 4	7,277 4	307 0
0,120	3,120 8		1,487 9		7,584 4	

v	$B(v)$	Diff.	$B'(v)$	Diff.	$B^*(v)$	Diff.
0,120	0,031 208	1 508	1,487 9	41 3	0,075 844	3 131
21	0,032 716	1 550	1,529 2	41 2	0,078 975	3 189
22	0,034 266	1 591	1,570 4	41 2	0,082 164	3 248
23	0,035 857	1 632	1,611 6	40 9	0,085 412	3 305
24	0,037 489	1 673	1,652 5	40 8	0,088 717	3 360
25	0,039 162	1 714	1,693 3	40 6	0,092 077	3 415
26	0,040 876	1 754	1,733 9	40 3	0,095 492	3 468
27	0,042 630	1 794	1,774 2	40 0	0,098 960	3 52
28	0,044 424	1 834	1,814 2	39 8	0,102 48	3 57
29	0,046 258	1 874	1,854 0	39 4	0,106 05	3 62
0,130	0,048 132	1 913	1,893 4	39 1	0,109 67	3 66
31	0,050 045	1 952	1,932 5	38 7	0,113 33	3 72
32	0,051 997	1 990	1,971 2	38 3	0,117 05	3 75
33	0,053 987	2 029	2,009 5	38 0	0,120 80	3 81
34	0,056 016	2 066	2,047 5	37 4	0,124 61	3 84
35	0,058 082	2 103	2,084 9	37 0	0,128 45	3 88
36	0,060 185	2 140	2,121 9	36 6	0,132 33	3 92
37	0,062 325	2 177	2,158 5	36 0	0,136 25	3 96
38	0,064 502	2 212	2,194 5	35 6	0,140 21	4 00
39	0,066 714	2 248	2,230 1	35 0	0,144 21	4 03
0,140	0,068 962	2 282	2,265 1	34 5	0,148 24	4 07
41	0,071 244	2 317	2,299 6	34 0	0,152 31	4 09
42	0,073 561	2 350	2,333 6	33 3	0,156 40	4 13
43	0,075 911	2 384	2,366 9	32 8	0,160 53	4 16
44	0,078 295	2 416	2,399 7	32 3	0,164 69	4 18
45	0,080 711	2 448	2,432 0	31 6	0,168 87	4 21
46	0,083 159	2 479	2,463 6	31 0	0,173 08	4 23
47	0,085 638	2 510	2,494 6	30 4	0,177 31	4 26
48	0,088 148	2 540	2,525 0	29 8	0,181 57	4 28
49	0,090 688	2 569	2,554 8	29 2	0,185 85	4 31
0,150	0,093 257	2 598	2,584 0	28 5	0,190 16	4 32
51	0,095 855	2 627	2,612 5	27 9	0,194 48	4 34
52	0,098 482	2 66	2,640 4	27 3	0,198 82	4 36
53	0,101 14	2 68	2,667 7	26 6	0,203 18	4 37
54	0,103 82	2 70	2,694 3	26 0	0,207 55	4 39
55	0,106 52	2 74	2,720 3	25 3	0,211 94	4 40
56	0,109 26	2 76	2,745 6	24 7	0,216 34	4 41
57	0,112 02	2 78	2,770 3	24 1	0,220 75	4 43
58	0,114 80	2 80	2,794 4	23 3	0,225 18	4 43
59	0,117 60	2 83	2,817 7	22 8	0,229 61	4 44
0,160	0,120 43		2,840 5		0,234 05	

v	$B(v)$	Diff.	$B'(v)$	Diff.	$B^*(v)$	Diff.
0,160	0,120 43	2 85	2,840 5	22 1	0,234 05	4 45
61	0,123 28	2 88	2,862 6	21 4	0,238 50	4 46
62	0,126 16	2 89	2,884 0	20 8	0,242 96	4 46
63	0,129 05	2 92	2,904 8	20 1	0,247 42	4 47
64	0,131 97	2 93	2,924 9	19 5	0,251 89	4 47
65	0,134 90	2 96	2,944 4	18 9	0,256 36	4 47
66	0,137 86	2 97	2,963 3	18 2	0,260 83	4 48
67	0,140 83	2 99	2,981 5	17 6	0,265 31	4 47
68	0,143 82	3 01	2,999 1	17 0	0,269 78	4 47
69	0,146 83	3 02	3,016 1	16 3	0,274 25	4 48
0,170	0,149 85	3 04	3,032 4	15 7	0,278 73	4 47
71	0,152 89	3 06	3,048 1	15 1	0,283 20	4 47
72	0,155 95	3 07	3,063 2	14 5	0,287 67	4 46
73	0,159 02	3 08	3,077 7	13 9	0,292 13	4 46
74	0,162 10	3 10	3,091 6	13 3	0,296 59	4 45
75	0,165 20	3 11	3,104 9	12 8	0,301 04	4 45
76	0,168 31	3 13	3,117 7	12 1	0,305 49	4 44
77	0,171 44	3 13	3,129 8	11 5	0,309 93	4 43
78	0,174 57	3 15	3,141 3	11 0	0,314 36	4 42
79	0,177 72	3 16	3,152 3	10 4	0,318 78	4 42
0,180	0,180 88	3 16	3,162 7	9 9	0,323 20	4 40
81	0,184 04	3 18	3,172 6	9 3	0,327 60	4 40
82	0,187 22	3 19	3,181 9	8 8	0,332 00	4 38
83	0,190 41	3 19	3,190 7	8 2	0,336 38	4 37
84	0,193 60	3 20	3,198 9	7 7	0,340 75	4 36
85	0,196 80	3 21	3,206 6	7 2	0,345 11	4 35
86	0,200 01	3 22	3,213 8	6 7	0,349 46	4 33
87	0,203 23	3 23	3,220 5	6 2	0,353 79	4 32
88	0,206 46	3 23	3,226 7	5 7	0,358 11	4 30
89	0,209 69	3 23	3,232 4	5 2	0,362 41	4 29
0,190	0,212 92	3 24	3,237 6	4 7	0,366 70	4 28
91	0,216 16	3 24	3,242 3	4 2	0,370 98	4 26
92	0,219 40	3 25	3,246 5	3 8	0,375 24	4 24
93	0,222 65	3 26	3,250 3	3 3	0,379 48	4 23
94	0,225 91	3 25	3,253 6	2 9	0,383 71	4 20
95	0,229 16	3 26	3,256 5	2 4	0,387 91	4 20
96	0,232 42	3 26	3,258 9	2 0	0,392 11	4 17
97	0,235 68	3 26	3,260 9	1 6	0,396 28	4 15
98	0,238 94	3 26	3,262 5	1 2	0,400 43	4 14
99	0,242 20	3 27	3,263 7	7	0,404 57	4 12
0,200	0,245 47		3,264 4		0,408 69	

v	$B(v)$	Diff.	$B'(v)$	Diff.	$B^*(v)$	Diff.
0,200	0,245 47	3 26	3,264 4	4	0,408 69	4 10
01	0,248 73	3 27	3,264 8*	1	0,412 79	4 08
02	0,252 00	3 26	3,264 7	4	0,416 87	4 05
03	0,255 26	3 26	3,264 3	8	0,420 92	4 04
04	0,258 52	3 27	3,263 5	1 1	0,424 96	4 02
05	0,261 79	3 26	3,262 4	1 6	0,428 98	4 00
06	0,265 05	3 26	3,260 8	1 8	0,432 98	3 98
07	0,268 31	3 26	3,259 0	2 3	0,436 96	3 96
08	0,271 57	3 25	3,256 7	2 5	0,440 92	3 93
09	0,274 82	3 26	3,254 2	2 9	0,444 85	3 92
0,210	0,278 08	3 25	3,251 3	3 2	0,448 77	3 89
11	0,281 33	3 24	3,248 1	3 5	0,452 66	3 87
12	0,284 57	3 24	3,244 6	3 9	0,456 53	3 85
13	0,287 81	3 24	3,240 7	4 1	0,460 38	3 83
14	0,291 05	3 24	3,236 6	4 4	0,464 21	3 81
15	0,294 29	3 23	3,232 2	4 8	0,468 02	3 78
16	0,297 52	3 22	3,227 4	4 9	0,471 80	3 76
17	0,300 74	3 22	3,222 5	5 3	0,475 56	3 74
18	0,303 96	3 22	3,217 2	5 5	0,479 30	3 72
19	0,307 18	3 21	3,211 7	5 8	0,483 02	3 69
0,220	0,310 39	3 20	3,205 9	6 1	0,486 71	3 67
21	0,313 59	3 19	3,199 8	6 2	0,490 38	3 65
22	0,316 78	3 20	3,193 6	6 6	0,494 03	3 62
23	0,319 98	3 18	3,187 0	6 7	0,497 65	3 60
24	0,323 16	3 18	3,180 3	7 0	0,501 25	3 58
25	0,326 34	3 17	3,173 3	7 2	0,504 83	3 56
26	0,329 51	3 16	3,166 1	7 4	0,508 39	3 53
27	0,332 67	3 15	3,158 7	7 6	0,511 92	3 51
28	0,335 82	3 15	3,151 1	7 8	0,515 43	3 49
29	0,338 97	3 14	3,143 3	8 1	0,518 92	3 46
0,230	0,342 11	3 13	3,135 2	8 2	0,522 38	3 45
31	0,345 24	3 12	3,127 0	8 4	0,525 83	3 41
32	0,348 36	3 12	3,118 6	8 5	0,529 24	3 40
33	0,351 48	3 10	3,110 1	8 8	0,532 64	3 37
34	0,354 58	3 10	3,101 3	8 9	0,536 01	3 35
35	0,357 68	3 09	3,092 4	9 1	0,539 36	3 32
36	0,360 77	3 08	3,083 3	9 2	0,542 68	3 31
37	0,363 85	3 07	3,074 1	9 4	0,545 99	3 28
38	0,366 92	3 06	3,064 7	9 5	0,549 27	3 25
39	0,369 98	3 05	3,055 2	9 7	0,552 52	3 24
0,240	0,373 03		3,045 5		0,555 76	

* Maximum

v	$B(v)$	Diff.	$B'(v)$	Diff.	$B^*(v)$	Diff.
0,240	0,373 03	3 04	3,045 5	9 8	0,555 76	3 21
41	0,376 07	3 03	3,035 7	9 9	0,558 97	3 19
42	0,379 10	3 02	3,025 8	10 1	0,562 16	3 16
43	0,382 12	3 01	3,015 7	10 2	0,565 32	3 14
44	0,385 13	3 00	3,005 5	10 3	0,568 46	3 12
45	0,388 13	2 99	2,995 2	10 4	0,571 58	3 10
46	0,391 12	2 98	2,984 8	10 6	0,574 68	3 08
47	0,394 10	2 97	2,974 2	10 6	0,577 76	3 05
48	0,397 07	2 96	2,963 6	10 8	0,580 81	3 03
49	0,400 03	2 94	2,952 8	10 8	0,583 84	3 01
0,250	0,402 97	2 94	2,942 0	10 9	0,586 85	2 98
51	0,405 91	2 93	2,931 1	11 1	0,589 83	2 97
52	0,408 84	2 91	2,920 0	11 1	0,592 80	2 94
53	0,411 75	2 90	2,908 9	11 2	0,595 74	2 92
54	0,414 65	2 90	2,897 7	11 2	0,598 66	2 90
55	0,417 55	2 88	2,886 5	11 4	0,601 56	2 87
56	0,420 43	2 87	2,875 1	11 4	0,604 43	2 86
57	0,423 30	2 85	2,863 7	11 5	0,607 29	2 83
58	0,426 15	2 85	2,852 2	11 5	0,610 12	2 81
59	0,429 00	2 83	2,840 7	11 7	0,612 93	2 79
0,260	0,431 83	2 83	2,829 0	11 6	0,615 72	2 77
61	0,434 66	2 81	2,817 4	11 8	0,618 49	2 75
62	0,437 47	2 80	2,805 6	11 7	0,621 24	2 73
63	0,440 27	2 79	2,793 9	11 9	0,623 97	2 70
64	0,443 06	2 77	2,782 0	11 8	0,626 67	2 69
65	0,445 83	2 77	2,770 2	11 9	0,629 36	2 66
66	0,448 60	2 75	2,758 3	12 0	0,632 02	2 65
67	0,451 35	2 74	2,746 3	12 0	0,634 67	2 62
68	0,454 09	2 73	2,734 3	12 0	0,637 29	2 60
69	0,456 82	2 71	2,722 3	12 1	0,639 89	2 59
0,270	0,459 53	2 71	2,710 2	12 1	0,642 48	2 56
71	0,462 24	2 69	2,698 1	12 1	0,645 04	2 54
72	0,464 93	2 68	2,686 0	12 1	0,647 58	2 52
73	0,467 61	2 67	2,673 9	12 2	0,650 10	2 51
74	0,470 28	2 65	2,661 7	12 2	0,652 61	2 48
75	0,472 93	2 65	2,649 5	12 2	0,655 09	2 47
76	0,475 58	2 63	2,637 3	12 2	0,657 56	2 44
77	0,478 21	2 62	2,625 1	12 2	0,660 00	2 43
78	0,480 83	2 61	2,612 9	12 2	0,662 43	2 40
79	0,483 44	2 59	2,600 7	12 3	0,664 83	2 39
0,280	0,486 03		2,588 4		0,667 22	

v	$B(v)$	Diff.	$B'(v)$	Diff.	$B^*(v)$	Diff.
0,280	0,486 03	2 58	2,588 4	12 2	0,667 22	2 37
81	0,488 61	2 57	2,576 2	12 3	0,669 59	2 35
82	0,491 18	2 56	2,563 9	12 3	0,671 94	2 33
83	0,493 74	2 55	2,551 6	12 2	0,674 27	2 31
84	0,496 29	2 53	2,539 4	12 3	0,676 58	2 30
85	0,498 82	2 52	2,527 1	12 2	0,678 88	2 27
86	0,501 34	2 51	2,514 9	12 3	0,681 15	2 26
87	0,503 85	2 49	2,502 6	12 3	0,683 41	2 24
88	0,506 34	2 49	2,490 3	12 2	0,685 65	2 22
89	0,508 83	2 47	2,478 1	12 2	0,687 87	2 21
0,290	0,511 30	2 46	2,465 9	12 3	0,690 08	2 18
91	0,513 76	2 45	2,453 6	12 2	0,692 26	2 17
92	0,516 21	2 43	2,441 4	12 2	0,694 43	2 15
93	0,518 64	2 43	2,429 2	12 2	0,696 58	2 14
94	0,521 07	2 41	2,417 0	12 1	0,698 72	2 12
95	0,523 48	2 40	2,404 9	12 2	0,700 84	2 10
96	0,525 88	2 38	2,392 7	12 1	0,702 94	2 08
97	0,528 26	2 38	2,380 6	12 1	0,705 02	2 07
98	0,530 64	2 36	2,368 5	12 1	0,707 09	2 05
99	0,533 00	2 35	2,356 4	12 1	0,709 14	2 03
0,300	0,535 35	2 34	2,344 3	12 0	0,711 17	2 02
01	0,537 69	2 32	2,332 3	12 1	0,713 19	2 00
02	0,540 01	2 32	2,320 2	12 0	0,715 19	1 99
03	0,542 33	2 30	2,308 2	11 9	0,717 18	1 97
04	0,544 63	2 29	2,296 3	12 0	0,719 15	1 95
05	0,546 92	2 28	2,284 3	11 9	0,721 10	1 94
06	0,549 20	2 27	2,272 4	11 9	0,723 04	1 92
07	0,551 47	2 25	2,260 5	11 8	0,724 96	1 91
08	0,553 72	2 24	2,248 7	11 9	0,726 87	1 89
09	0,555 96	2 23	2,236 8	11 8	0,728 76	1 87
0,310	0,558 19	2 22	2,225 0	11 7	0,730 63	1 87
11	0,560 41	2 21	2,213 3	11 7	0,732 50	1 84
12	0,562 62	2 20	2,201 6	11 7	0,734 34	1 83
13	0,564 82	2 18	2,189 9	11 7	0,736 17	1 82
14	0,567 00	2 17	2,178 2	11 6	0,737 99	1 80
15	0,569 17	2 16	2,166 6	11 6	0,739 79	1 79
16	0,571 33	2 15	2,155 0	11 5	0,741 58	1 77
17	0,573 48	2 14	2,143 5	11 6	0,743 35	1 76
18	0,575 62	2 13	2,131 9	11 4	0,745 11	1 74
19	0,577 75	2 11	2,120 5	11 5	0,746 85	1 74
0,320	0,579 86		2,109 0		0,748 59	

v	$B(v)$	Diff.	$B'(v)$	Diff.	$B^*(v)$	Diff.
0,320	0,579 86	2 11	2,109 0	11 3	0,748 59	1 71
21	0,581 97	2 09	2,097 7	11 4	0,750 30	1 70
22	0,584 06	2 08	2,086 3	11 3	0,752 00	1 69
23	0,586 14	2 07	2,075 0	11 3	0,753 69	1 68
24	0,588 21	2 06	2,063 7	11 2	0,755 37	1 66
25	0,590 27	2 04	2,052 5	11 2	0,757 03	1 65
26	0,592 31	2 04	2,041 3	11 1	0,758 68	1 63
27	0,594 35	2 02	2,030 2	11 1	0,760 31	1 63
28	0,596 37	2 02	2,019 1	11 1	0,761 94	1 61
29	0,598 39	2 00	2,008 0	11 0	0,763 55	1 59
0,330	0,600 39	1 99	1,997 0	11 0	0,765 14	1 58
31	0,602 38	1 98	1,986 0	10 9	0,766 72	1 58
32	0,604 36	1 97	1,975 1	10 9	0,768 30	1 55
33	0,606 33	1 96	1,964 2	10 8	0,769 85	1 55
34	0,608 29	1 95	1,953 4	10 8	0,771 40	1 53
35	0,610 24	1 93	1,942 6	10 7	0,772 93	1 52
36	0,612 17	1 93	1,931 9	10 7	0,774 45	1 51
37	0,614 10	1 92	1,921 2	10 7	0,775 96	1 50
38	0,616 02	1 90	1,910 5	10 6	0,777 46	1 48
39	0,617 92	1 90	1,899 9	10 5	0,778 94	1 47
0,340	0,619 82	1 88	1,889 4	10 5	0,780 41	1 47
41	0,621 70	1 87	1,878 9	10 5	0,781 88	1 44
42	0,623 57	1 87	1,868 4	10 4	0,783 32	1 44
43	0,625 44	1 85	1,858 0	10 4	0,784 76	1 43
44	0,627 29	1 84	1,847 6	10 3	0,786 19	1 41
45	0,629 13	1 84	1,837 3	10 2	0,787 60	1 41
46	0,630 97	1 82	1,827 1	10 3	0,789 01	1 39
47	0,632 79	1 81	1,816 8	10 1	0,790 40	1 38
48	0,634 60	1 80	1,806 7	10 1	0,791 78	1 37
49	0,636 40	1 79	1,796 6	10 1	0,793 15	1 36
0,350	0,638 19	1 78	1,786 5	10 0	0,794 51	1 35
51	0,639 97	1 77	1,776 5	10 0	0,795 86	1 33
52	0,641 74	1 77	1,766 5	9 9	0,797 19	1 33
53	0,643 51	1 75	1,756 6	9 9	0,798 52	1 32
54	0,645 26	1 74	1,746 7	9 9	0,799 84	1 30
55	0,647 00	1 73	1,736 8	9 7	0,801 14	1 30
56	0,648 73	1 72	1,727 1	9 8	0,802 44	1 29
57	0,650 45	1 72	1,717 3	9 6	0,803 73	1 27
58	0,652 17	1 70	1,707 7	9 7	0,805 00	1 27
59	0,653 87	1 69	1,698 0	9 6	0,806 27	1 25
0,360	0,655 56		1,688 4		0,807 52	

v	$B(v)$	Diff.	$B'(v)$	Diff.	$B^*(v)$	Diff.
0,360	0,655 56	1 69	1,688 4	9 5	0,807 52	1 25
61	0,657 25	1 67	1,678 9	9 5	0,808 77	1 23
62	0,658 92	1 66	1,669 4	9 4	0,810 00	1 23
63	0,660 58	1 66	1,660 0	9 4	0,811 23	1 21
64	0,662 24	1 65	1,650 6	9 3	0,812 44	1 21
65	0,663 89	1 63	1,641 3	9 3	0,813 65	1 20
66	0,665 52	1 63	1,632 0	9 3	0,814 85	1 19
67	0,667 15	1 62	1,622 7	9 2	0,816 04	1 17
68	0,668 77	1 61	1,613 5	9 1	0,817 21	1 17
69	0,670 38	1 60	1,604 4	9 1	0,818 38	1 16
0,370	0,671 98	1 59	1,595 3	9 0	0,819 54	1 15
71	0,673 57	1 58	1,586 3	9 0	0,820 69	1 15
72	0,675 15	1 57	1,577 3	9 0	0,821 84	1 13
73	0,676 72	1 57	1,568 3	8 9	0,822 97	1 12
74	0,678 29	1 55	1,559 4	8 8	0,824 09	1 12
75	0,679 84	1 55	1,550 6	8 8	0,825 21	1 10
76	0,681 39	1 53	1,541 8	8 8	0,826 31	1 10
77	0,682 92	1 53	1,533 0	8 7	0,827 41	1 09
78	0,684 45	1 52	1,524 3	8 6	0,828 50	1 08
79	0,685 97	1 51	1,515 7	8 6	0,829 58	1 08
0,380	0,687 48	1 51	1,507 1	8 6	0,830 66	1 06
81	0,688 99	1 49	1,498 5	8 5	0,831 72	1 06
82	0,690 48	1 49	1,490 0	8 5	0,832 78	1 04
83	0,691 97	1 47	1,481 5	8 4	0,833 82	1 04
84	0,693 44	1 47	1,473 1	8 4	0,834 86	1 03
85	0,694 91	1 46	1,464 7	8 3	0,835 89	1 03
86	0,696 37	1 46	1,456 4	8 3	0,836 92	1 01
87	0,697 83	1 44	1,448 1	8 2	0,837 93	1 01
88	0,699 27	1 44	1,439 9	8 2	0,838 94	1 00
89	0,700 71	1 42	1,431 7	8 1	0,839 94	99
0,390	0,702 13	1 42	1,423 6	8 1	0,840 93	99
91	0,703 55	1 42	1,415 5	8 0	0,841 92	98
92	0,704 97	1 40	1,407 5	8 0	0,842 90	97
93	0,706 37	1 39	1,399 5	8 0	0,843 87	96
94	0,707 76	1 39	1,391 5	7 9	0,844 83	95
95	0,709 15	1 38	1,383 6	7 8	0,845 78	95
96	0,710 53	1 37	1,375 8	7 9	0,846 73	94
97	0,711 90	1 37	1,367 9	7 7	0,847 67	94
98	0,713 27	1 35	1,360 2	7 7	0,848 61	92
99	0,714 62	1 35	1,352 5	7 7	0,849 53	92
0,400	0,715 97		1,344 8		0,850 45	

v	$B(v)$	Diff.	$B'(v)$	Diff.	$B^*(v)$	Diff.
0,40	0,715 97	13 07	1,344 8	74 3	0,850 451	8 817
41	0,729 04	12 36	1,270 5	70 0	0,859 268	8 176
42	0,741 40	11 67	1,200 5	65 9	0,867 444	7 588
43	0,753 07	11 03	1,134 6	62 0	0,875 032	7 049
44	0,764 10	10 43	1,072 6	58 4	0,882 081	6 553
45	0,774 53	9 87	1,014 2	54 8	0,888 634	6 099
46	0,784 40	9 33	0,959 44	51 51	0,894 733	5 680
47	0,793 73	8 84	0,907 93	48 41	0,900 413	5 295
48	0,802 57	8 36	0,859 52	45 49	0,905 708	4 941
49	0,810 93	7 93	0,814 03	42 76	0,910 649	4 615
0,50	0,818 86	7 50	0,771 27	40 19	0,915 264	4 313
51	0,826 36	7 12	0,731 08	37 79	0,919 577	4 036
52	0,833 48	6 76	0,693 29	35 53	0,923 613	3 778
53	0,840 24	6 41	0,657 76	33 42	0,927 391	3 541
54	0,846 65	6 08	0,624 34	31 45	0,930 932	3 322
55	0,852 73	5 78	0,592 89	29 60	0,934 254	3 118
56	0,858 51	5 49	0,563 29	27 86	0,937 372	2 929
57	0,864 00	5 22	0,535 43	26 25	0,940 301	2 755
58	0,869 22	4 97	0,509 18	24 74	0,943 056	2 591
59	0,874 19	4 73	0,484 44	23 31	0,945 647	2 441
0,60	0,878 919	4 500	0,461 13	21 99	0,948 088	2 300
61	0,883 419	4 287	0,439 14	20 74	0,950 388	2 170
62	0,887 706	4 085	0,418 40	19 58	0,952 558	2 047
63	0,891 791	3 895	0,398 82	18 49	0,954 605	1 934
64	0,895 686	3 715	0,380 33	17 46	0,956 539	1 828
65	0,899 401	3 545	0,362 87	16 51	0,958 367	1 729
66	0,902 946	3 385	0,346 36	15 61	0,960 096	1 636
67	0,906 331	3 233	0,330 75	14 76	0,961 732	1 550
68	0,909 564	3 089	0,315 99	13 98	0,963 282	1 469
69	0,912 653	2 954	0,302 01	13 23	0,964 751	1 392
0,70	0,915 607	2 824	0,288 78	12 53	0,966 143	1 322
71	0,918 431	2 703	0,276 25	11 88	0,967 465	1 255
72	0,921 134	2 587	0,264 37	11 27	0,968 720	1 192
73	0,923 721	2 477	0,253 10	10 68	0,969 912	1 133
74	0,926 198	2 373	0,242 42	10 14	0,971 045	1 078
75	0,928 571	2 274	0,232 28	9 63	0,972 123	1 026
76	0,930 845	2 181	0,222 65	9 14	0,973 149	977
77	0,933 026	2 091	0,213 51	8 69	0,974 126	931
78	0,935 117	2 007	0,204 82	8 26	0,975 057	887
79	0,937 124	1 926	0,196 56	7 86	0,975 944	846
0,80	0,939 050		0,188 70		0,976 790	

v	$B(v)$	Diff.	$B'(v)$	Diff.	$B^*(v)$	Diff.
0,80	0,939 050	1 849	0,188 70	7 47	0,976 790	808
81	0,940 899	1 776	0,181 23	7 11	0,977 598	771
82	0,942 675	1 707	0,174 12	6 78	0,978 369	736
83	0,944 382	1 641	0,167 34	6 45	0,979 105	704
84	0,946 023	1 578	0,160 89	6 16	0,979 809	673
85	0,947 601	1 518	0,154 73	5 86	0,980 482	644
86	0,949 119	1 460	0,148 87	5 59	0,981 126	616
87	0,950 579	1 406	0,143 28	5 34	0,981 742	589
88	0,951 985	1 354	0,137 94	5 10	0,982 331	565
89	0,953 339	1 304	0,132 84	4 86	0,982 896	542
0,90	0,954 643	1 256	0,127 98	4 65	0,983 438	519
91	0,955 899	1 211	0,123 33	4 44	0,983 957	497
92	0,957 110	1 168	0,118 89	4 25	0,984 454	478
93	0,958 278	1 126	0,114 64	4 06	0,984 932	458
94	0,959 404	1 086	0,110 58	3 88	0,985 390	440
95	0,960 490	1 048	0,106 70	3 72	0,985 830	423
96	0,961 538	1 012	0,102 98	3 56	0,986 253	406
97	0,962 550	977	0,099 421	3 408	0,986 659	391
98	0,963 527	944	0,096 013	3 266	0,987 050	376
99	0,964 471	911	0,092 747	3 129	0,987 426	361
1,00	0,965 382	881	0,089 618	2 999	0,987 786 9	347 8
01	0,966 263	852	0,086 619	2 876	0,988 134 7	334 7
02	0,967 115	824	0,083 743	2 760	0,988 469 4	322 4
03	0,967 939	796	0,080 983	2 647	0,988 791 8	310 6
04	0,968 735	771	0,078 336	2 542	0,989 102 4	299 3
05	0,969 506	745	0,075 794	2 440	0,989 401 7	288 5
06	0,970 251	722	0,073 354	2 343	0,989 690 2	278 2
07	0,970 973	699	0,071 011	2 252	0,989 968 4	268 4
08	0,971 672	677	0,068 759	2 164	0,990 236 8	259 0
09	0,972 349	655	0,066 595	2 080	0,990 495 8	249 9
1,10	0,973 004	635	0,064 515	2 000	0,990 745 7	241 3
11	0,973 639	616	0,062 515	1 924	0,990 987 0	233 0
12	0,974 255	596	0,060 591	1 851	0,991 220 0	225 2
13	0,974 851	579	0,058 740	1 782	0,991 445 2	217 5
14	0,975 430	561	0,056 958	1 715	0,991 662 7	210 3
15	0,975 991	544	0,055 243	1 651	0,991 873 0	203 3
16	0,976 535	528	0,053 592	1 591	0,992 076 3	196 6
17	0,977 063	512	0,052 001	1 532	0,992 272 9	190 3
18	0,977 575	497	0,050 469	1 477	0,992 463 2	184 0
19	0,978 072	483	0,048 992	1 424	0,992 647 2	178 2
1.20	0,978 555		0,047 568		0,992 825 4	

v	$B(v)$	Diff.	$10^2 B'(v)$	Diff.	$B^*(v)$	Diff.
1,20	0,978 555	469	4,756 8	137 2	0,992 825 4	172 5
21	0,979 024	455	4,619 6	132 4	0,992 997 9	167 0
22	0,979 479	442	4,487 2	127 7	0,993 164 9	161 8
23	0,979 921	430	4,359 5	123 3	0,993 326 7	156 7
24	0,980 351	418	4,236 2	118 9	0,993 483 4	151 9
25	0,980 769	406	4,117 3	114 8	0,993 635 3	147 2
26	0,981 175	394	4,002 5	110 9	0,993 782 5	142 8
27	0,981 569	384	3,891 6	107 0	0,993 925 3	138 4
28	0,981 953	373	3,784 6	103 5	0,994 063 7	134 3
29	0,982 326	363	3,681 1	99 9	0,994 198 0	130 3
1,30	0,982 689	354	3,581 2	96 6	0,994 328 3	126 5
31	0,983 043	343	3,484 6	93 4	0,994 454 8	122 7
32	0,983 386	335	3,391 2	90 3	0,994 577 5	119 1
33	0,983 721	326	3,300 9	87 3	0,994 696 6	115 7
34	0,984 047	317	3,213 6	84 5	0,994 812 3	112 4
35	0,984 364	309	3,129 1	81 7	0,994 924 7	109 1
36	0,984 673	300	3,047 4	79 1	0,995 033 8	106 1
37	0,984 973	293	2,968 3	76 5	0,995 139 9	103 1
38	0,985 266	286	2,891 8	74 2	0,995 243 0	100 2
39	0,985 552	278	2,817 6	71 7	0,995 343 2	97 4
1,40	0,985 830	271	2,745 9	69 5	0,995 440 6	94 7
41	0,986 101	264	2,676 4	67 4	0,995 535 3	92 1
42	0,986 365	258	2,609 0	65 2	0,995 627 4	89 7
43	0,986 623	251	2,543 8	63 2	0,995 717 1	87 2
44	0,986 874	245	2,480 6	61 3	0,995 804 3	84 8
45	0,987 119	239	2,419 3	59 4	0,995 889 1	82 6
46	0,987 358	233	2,359 9	57 6	0,995 971 7	80 4
47	0,987 591	228	2,302 3	55 9	0,996 052 1	78 3
48	0,987 819	222	2,246 4	54 2	0,996 130 4	76 3
49	0,988 041	216	2,192 2	52 5	0,996 206 7	74 2
1,50	0,988 257	212	2,139 7	51 0	0,996 280 9	72 4
51	0,988 469	206	2,088 7	49 5	0,996 353 3	70 4
52	0,988 675	201	2,039 2	48 1	0,996 423 7	68 7
53	0,988 876	197	1,991 1	46 6	0,996 492 4	67 0
54	0,989 073	192	1,944 5	45 3	0,996 559 4	65 2
55	0,989 265	188	1,899 2	44 0	0,996 624 6	63 6
56	0,989 453	183	1,855 2	42 7	0,996 688 2	62 1
57	0,989 636	180	1,812 5	41 6	0,996 750 3	60 5
58	0,989 816	175	1,770 9	40 3	0,996 810 8	59 0
59	0,989 991	171	1,730 6	39 2	0,996 869 8	57 6
1,60	0,990 162		1,691 4		0,996 927 4	

v	$B(v)$	Diff.	$10^2\,B(v)$	Diff.	$B^*(v)$	Diff.
1,60	0,990 161 7	167 3	1,691 4	38 1	0,996 927 4	56 2
61	0,990 329 0	163 4	1,653 3	37 0	0,996 983 6	54 8
62	0,990 492 4	159 9	1,616 3	36 0	0,997 038 4	53 5
63	0,990 652 3	156 2	1,580 3	35 0	0,997 091 9	52 2
64	0,990 808 5	152 8	1,545 3	34 1	0,997 144 1	51 0
65	0,990 961 3	149 5	1,511 2	33 1	0,997 195 1	49 8
66	0,991 110 8	146 2	1,478 1	32 2	0,997 244 9	48 6
67	0,991 257 0	143 0	1,445 9	31 4	0,997 293 5	47 5
68	0,991 400 0	139 9	1,414 5	30 5	0,997 341 0	46 4
69	0,991 539 9	136 9	1,384 0	29 7	0,997 387 4	45 3
1,70	0,991 676 8	134 0	1,354 3	28 9	0,997 432 7	44 2
71	0,991 810 8	131 1	1,325 4	28 1	0,997 476 9	43 3
72	0,991 941 9	128 4	1,297 3	27 4	0,997 520 2	42 3
73	0,992 070 3	125 6	1,269 9	26 7	0,997 562 5	41 3
74	0,992 195 9	123 1	1,243 2	26 0	0,997 603 8	40 4
75	0,992 319 0	120 4	1,217 2	25 3	0,997 644 2	39 5
76	0,992 439 4	118 0	1,191 9	24 7	0,997 683 7	38 6
77	0,992 557 4	115 5	1,167 2	24 0	0,997 722 3	37 8
78	0,992 672 9	113 1	1,143 2	23 4	0,997 760 1	37 0
79	0,992 786 0	110 8	1,119 8	22 8	0,997 797 1	36 1
1,80	0,992 896 8	108 6	1,097 0	22 3	0,997 833 2	35 4
81	0,993 005 4	106 4	1,074 7	21 7	0,997 868 6	34 5
82	0,993 111 8	104 2	1,053 0	21 1	0,997 903 1	33 9
83	0,993 216 0	102 2	1,031 9	20 6	0,997 937 0	33 1
84	0,993 318 2	100 1	1,011 3	20 12	0,997 970 1	32 4
85	0,993 418 3	98 1	0,991 18	19 61	0,998 002 5	31 8
86	0,993 516 4	96 2	0,971 57	19 12	0,998 034 3	31 0
87	0,993 612 6	94 4	0,952 45	18 66	0,998 065 3	30 5
88	0,993 707 0	92 4	0,933 79	18 21	0,998 095 8	29 7
89	0,993 799 4	90 7	0,915 58	17 76	0,998 125 5	29 2
1,90	0,993 890 1	88 9	0,897 82	17 34	0,998 154 7	28 6
91	0,993 979 0	87 2	0,880 48	16 92	0,998 183 3	28 0
92	0,994 066 2	85 5	0,863 56	16 52	0,998 211 3	27 4
93	0,994 151 7	83 9	0,847 04	16 13	0,998 238 7	26 8
94	0,994 235 6	82 3	0,830 91	15 74	0,998 265 5	26 4
95	0,994 317 9	80 8	0,815 17	15 38	0,998 291 9	25 8
96	0,994 398 7	79 2	0,799 79	15 01	0,998 317 7	25 2
97	0,994 477 9	77 7	0,784 78	14 67	0,998 342 9	24 8
98	0,994 555 6	76 3	0,770 11	14 32	0,998 367 7	24 3
99	0,994 631 9	74 9	0,755 79	14 00	0,998 392 0	23 8
2,00	0,994 706 8		0,741 79		0,998 415 8	

Table 1

v	$B(v)$	Diff.	$10^3\,B'(v)$	Diff.	$B^*(v)$	Diff.
2,00	0,994 706 8	73 5	7,417 9	136 7	0,998 415 8	23 3
01	0,994 780 3	72 1	7,281 2	133 6	0,998 439 1	22 9
02	0,994 852 4	70 9	7,147 6	130 5	0,998 462 0	22 4
03	0,994 923 3	69 5	7,017 1	127 6	0,998 484 4	22 0
04	0,994 992 8	68 3	6,889 5	124 7	0,998 506 4	21 6
05	0,995 061 1	67 0	6,764 8	121 9	0,998 528 0	21 2
06	0,995 128 1	65 8	6,642 9	119 2	0,998 549 2	20 7
07	0,995 193 9	64 7	6,523 7	116 5	0,998 569 9	20 4
08	0,995 258 6	63 5	6,407 2	114 0	0,998 590 3	20 0
09	0,995 322 1	62 3	6,293 2	111 4	0,998 610 3	19 6
2,10	0,995 384 4	61 3	6,181 8	109 0	0,998 629 9	19 2
11	0,995 445 7	60 2	6,072 8	106 5	0,998 649 1	18 9
12	0,995 505 9	59 1	5,966 3	104 3	0,998 668 0	18 6
13	0,995 565 0	58 2	5,862 0	102 0	0,998 686 6	18 2
14	0,995 623 2	57 1	5,760 0	99 8	0,998 704 8	17 8
15	0,995 680 3	56 1	5,660 2	97 6	0,998 722 6	17 5
16	0,995 736 4	55 1	5,562 6	95 6	0,998 740 1	17 3
17	0,995 791 5	54 2	5,467 0	93 5	0,998 757 4	16 9
18	0,995 845 7	53 3	5,373 5	91 5	0,998 774 3	16 6
19	0,995 899 0	52 4	5,282 0	89 6	0,998 790 9	16 3
2,20	0,995 951 4	51 4	5,192 4	87 7	0,998 807 2	16 0
21	0,996 002 8	50 7	5,104 7	85 9	0,998 823 2	15 7
22	0,996 053 5	49 7	5,018 8	84 1	0,998 838 9	15 5
23	0,996 103 2	49 0	4,934 7	82 3	0,998 854 4	15 1
24	0,996 152 2	48 1	4,852 4	80 6	0,998 869 5	14 9
25	0,996 200 3	47 3	4,771 8	78 9	0,998 884 4	14 7
26	0,996 247 6	46 5	4,692 9	77 4	0,998 899 1	14 4
27	0,996 294 1	45 8	4,615 5	75 7	0,998 913 5	14 1
28	0,996 339 9	45 1	4,539 8	74 2	0,998 927 6	13 9
29	0,996 385 0	44 2	4,465 6	72 7	0,998 941 5	13 7
2,30	0,996 429 2	43 6	4,392 9	71 2	0,998 955 2	13 4
31	0,996 472 8	42 9	4,321 7	69 8	0,998 968 6	13 2
32	0,996 515 7	42 2	4,251 9	68 4	0,998 981 8	13 0
33	0,996 557 9	41 5	4,183 5	67 0	0,998 994 8	12 7
34	0,996 599 4	40 8	4,116 5	65 7	0,999 007 5	12 6
35	0,996 640 2	40 2	4,050 8	64 3	0,999 020 1	12 3
36	0,996 680 4	39 5	3,986 5	63 1	0,999 032 4	12 1
37	0,996 719 9	39 0	3,923 4	61 9	0,999 044 5	12 0
38	0,996 758 9	38 3	3,861 5	60 7	0,999 056 5	11 7
39	0,996 797 2	37 7	3,800 8	59 4	0,999 068 2	11 5
2,40	0,996 834 9		3,741 4		0,999 079 7	

v	$B(v)$	Diff.	$10^3 B'(v)$	Diff.	$B^*(v)$	Diff.
2,40	0,996 834 9	37 1	3,741 4	58 3	0,999 079 7	11 4
41	0,996 872 0	36 5	3,683 1	57 2	0,999 091 1	11 1
42	0,996 908 5	36 0	3,625 9	56 1	0,999 102 2	11 0
43	0,996 944 5	35 4	3,569 8	55 0	0,999 113 2	10 8
44	0,996 979 9	34 9	3,514 8	53 9	0,999 124 0	10 6
45	0,997 014 8	34 4	3,460 9	52 9	0,999 134 6	10 5
46	0,997 049 2	33 8	3,408 0	52 0	0,999 145 1	10 2
47	0,997 083 0	33 3	3,356 0	50 9	0,999 155 3	10 2
48	0,997 116 3	32 8	3,305 1	49 9	0,999 165 5	9 9
49	0,997 149 1	32 3	3,255 2	49 1	0,999 175 4	9 8
2,50	0,997 181 4	31 8	3,206 1	48 1	0,999 185 2	9 7
51	0,997 213 2	31 4	3,158 0	47 2	0,999 194 9	9 5
52	0,997 244 6	30 8	3,110 8	46 3	0,999 204 4	9 3
53	0,997 275 4	30 5	3,064 5	45 5	0,999 213 7	9 2
54	0,997 305 9	29 9	3,019 0	44 6	0,999 222 9	9 1
55	0,997 335 8	29 6	2,974 4	43 8	0,999 232 0	8 9
56	0,997 365 4	29 0	2,930 6	43 0	0,999 240 9	8 8
57	0,997 394 4	28 7	2,887 6	42 3	0,999 249 7	8 6
58	0,997 423 1	28 3	2,845 3	41 4	0,999 258 3	8 6
59	0,997 451 4	27 8	2,803 9	40 7	0,999 266 9	8 3
2,60	0,997 479 2	27 4	2,763 2	40 0	0,999 275 2	8 3
61	0,997 506 6	27 1	2,723 2	39 3	0,999 283 5	8 1
62	0,997 533 7	26 6	2,683 9	38 5	0,999 291 6	8 1
63	0,997 560 3	26 3	2,645 4	37 9	0,999 299 7	7 8
64	0,997 586 6	25 9	2,607 5	37 2	0,999 307 5	7 8
65	0,997 612 5	25 5	2,570 3	36 5	0,999 315 3	7 7
66	0,997 638 0	25 1	2,533 8	35 9	0,999 323 0	7 5
67	0,997 663 1	24 8	2,497 9	35 2	0,999 330 5	7 4
68	0,997 687 9	24 5	2,462 7	34 6	0,999 337 9	7 4
69	0,997 712 4	24 1	2,428 1	34 1	0,999 345 3	7 2
2,70	0,997 736 5	23 8	2,394 0	33 4	0,999 352 5	7 1
71	0,997 760 3	23 4	2,360 6	32 8	0,999 359 6	7 0
72	0,997 783 7	23 1	2,327 8	32 3	0,999 366 6	6 9
73	0,997 806 8	22 8	2,295 5	31 7	0,999 373 5	6 8
74	0,997 829 6	22 5	2,263 8	31 2	0,999 380 3	6 7
75	0,997 852 1	22 2	2,232 6	30 7	0,999 387 0	6 6
76	0,997 874 3	21 8	2,201 9	30 1	0,999 393 6	6 5
77	0,997 896 1	21 6	2,171 8	29 6	0,999 400 1	6 5
78	0,997 917 7	21 3	2,142 2	29 1	0,999 406 6	6 3
79	0,997 939 0	21 0	2,113 1	28 6	0,999 412 9	6 2
2,80	0,997 960 0		2,084 5		0,999 419 1	

v	$B(v)$	Diff.	$10^3 B'(v)$	Diff.	$B^*(v)$	Diff.
2,80	0,997 960 0	20 7	2,084 5	28 1	0,999 419 1	6 2
81	0,997 980 7	20 4	2,056 4	27 7	0,999 425 3	6 0
82	0,998 001 1	20 2	2,028 7	27 2	0,999 431 3	6 0
83	0,998 021 3	19 8	2,001 5	26 7	0,999 437 3	5 9
84	0,998 041 1	19 7	1,974 8	26 3	0,999 443 2	5 8
85	0,998 060 8	19 3	1,948 5	25 9	0,999 449 0	5 8
86	0,998 080 1	19 1	1,922 6	25 4	0,999 454 8	5 6
87	0,998 099 2	18 9	1,897 2	25 0	0,999 460 4	5 6
88	0,998 118 1	18 6	1,872 2	24 6	0,999 466 0	5 5
89	0,998 136 7	18 3	1,847 6	24 2	0,999 471 5	5 4
2,90	0,998 155 0	18 1	1,823 4	23 8	0,999 476 9	5 4
91	0,998 173 1	17 9	1,799 6	23 5	0,999 482 3	5 3
92	0,998 191 0	17 7	1,776 1	23 0	0,999 487 6	5 2
93	0,998 208 7	17 4	1,753 1	22 7	0,999 492 8	5 1
94	0,998 226 1	17 2	1,730 4	22 3	0,999 497 9	5 1
95	0,998 243 3	16 9	1,708 1	21 9	0,999 503 0	5 0
96	0,998 260 2	16 8	1,686 2	21 6	0,999 508 0	4 9
97	0,998 277 0	16 5	1,664 6	21 3	0,999 512 9	4 9
98	0,998 293 5	16 4	1,643 3	20 9	0,999 517 8	4 8
99	0,998 309 9	16 1	1,622 4	20 6	0,999 522 6	4 7
3,00	0,998 326 0		1,601 8		0,999 527 3	

v	$10^3 [1 - B(v)]$	Diff.	$10^3 B'(v)$	Diff.	$10^4 [1 - B^*(v)]$	Diff.
3,0	1,674 0	150 5	1,601 8	188 9	4,726 5	441 3
1	1,523 5	133 0	1,412 9	161 9	4,285 2	388 1
2	1,390 5	117 9	1,251 0	139 3	3,897 1	342 6
3	1,272 6	105 0	1,111 7	120 5	3,554 5	303 6
4	1,167 6	93 8	0,991 16	104 61	3,250 9	270 1
5	1,073 8	84 0	0,886 55	91 18	2,980 8	240 9
6	0,989 82	75 46	0,795 37	79 76	2,739 9	215 7
7	0,914 36	67 99	0,715 61	70 01	2,524 2	193 7
8	0,846 37	61 41	0,645 60	61 66	2,330 5	174 3
9	0,784 96	55 62	0,583 94	54 48	2,156 2	157 4
4,0	0,729 34		0,529 46		1,998 8	

v	$10^4\,[1 - B(v)]$	Diff.	$10^4\,B'(v)$	Diff.	$10^4\,[1 - B^*(v)]$	Diff.
4,0	7,293 4	504 8	5,294 6	482 7	1,998 8	142 4
1	6,788 6	459 3	4,811 9	428 9	1,856 4	129 2
2	6,329 3	418 9	4,383 0	382 3	1,727 2	117 5
3	5,910 4	382 6	4,000 7	341 4	1,609 7	107 1
4	5,527 8	350 4	3,659 3	305 8	1,502 6	97 8
5	5,177 4	321 4	3,353 5	274 6	1,404 8	89 5
6	4,856 0	295 3	3,078 9	247 0	1,315 3	82 1
7	4,560 7	271 9	2,831 9	222 7	1,233 2	75 4
8	4,288 8	250 6	2,609 2	201 3	1,157 8	69 3
9	4,038 2	231 6	2,407 9	182 2	1,088 5	64 0
5,0	3,806 6	214 1	2,225 7	165 4	1,024 5	59 0
1	3,592 5	198 4	2,060 3	150 2	0,965 53	54 57
2	3,394 1	184 1	1,910 1	136 8	0,910 96	50 54
3	3,210 0	171 0	1,773 3	124 8	0,860 42	46 87
4	3,039 0	159 1	1,648 5	114 0	0,813 55	43 53
5	2,879 9	148 1	1,534 5	104 3	0,770 02	40 47
6	2,731 8	138 2	1,430 2	95 6	0,729 55	37 69
7	2,593 6	129 0	1,334 6	87 8	0,691 86	35 14
8	2,464 6	120 6	1,246 8	80 6	0,656 72	32 80
9	2,344 0	112 8	1,166 2	74 3	0,623 92	30 65
6,0	2,231 2	105 8	1,091 9	68 4	0,593 27	28 67
1	2,125 4	99 1	1,023 5	63 2	0,564 60	26 86
2	2,026 3	93 1	0,960 35	58 35	0,537 74	25 18
3	1,933 2	87 5	0,902 00	53 99	0,512 56	23 64
4	1,845 7	82 2	0,848 01	50 01	0,488 92	22 20
5	1,763 5	77 5	0,798 00	46 38	0,466 72	20 88
6	1,686 0	73 0	0,751 62	43 06	0,445 84	19 65
7	1,613 0	68 8	0,708 56	40 01	0,426 19	18 51
8	1,544 2	65 0	0,668 55	37 24	0,407 68	17 46
9	1,479 2	61 3	0,631 31	34 67	0,390 22	16 48
7,0	1,417 9	58 1	0,596 64	32 33	0,373 74	15 56
1	1,359 8	54 9	0,564 31	30 17	0,358 18	14 71
2	1,304 9	52 0	0,534 14	28 18	0,343 47	13 91
3	1,252 9	49 2	0,505 96	26 35	0,329 56	13 17
4	1,203 7	46 7	0,479 61	24 65	0,316 39	12 48
5	1,157 0	44 4	0,454 96	23 09	0,303 91	11 84
6	1,112 6	42 1	0,431 87	21 64	0,292 07	11 22
7	1,070 5	40 0	0,410 23	20 31	0,280 85	10 66
8	1,030 5	38 0	0,389 92	19 06	0,270 19	10 13
9	0,992 51	36 18	0,370 86	17 92	0,260 06	9 62
8,0	0,956 33		0,352 94		0,250 44	

v	$10^5\,[1 - B(v)]$	Diff.	$10^5\,B'(v)$	Diff.	$10^5\,[1 - B^*(v)]$	Diff.
8,0	9,563 3	344 5	3,529 4	168 4	2,504 4	91 6
1	9,218 8	328 1	3,361 0	158 5	2,412 8	87 1
2	8,890 7	312 7	3,202 5	149 3	2,325 7	83 1
3	8,578 0	298 2	3,053 2	140 7	2,242 6	79 1
4	8,279 8	284 5	2,912 5	132 7	2,163 5	75 4
5	7,995 3	271 7	2,779 8	125 2	2,088 1	72 0
6	7,723 6	259 5	2,654 6	118 2	2,016 1	68 7
7	7,464 1	248 0	2,536 4	111 7	1,947 4	65 6
8	7,216 1	237 1	2,424 7	105 7	1,881 8	62 7
9	6,979 0	226 9	2,319 0	99 9	1,819 1	59 9
9,0	6,752 1	217 1	2,219 1	94 7	1,759 2	57 3
1	6,535 0	208 0	2,124 4	89 6	1,701 9	54 9
2	6,327 0	199 1	2,034 8	84 9	1,647 0	52 6
3	6,127 9	191 0	1,949 9	80 6	1,594 4	50 3
4	5,936 9	183 0	1,869 3	76 5	1,544 1	48 2
5	5,753 9	175 7	1,792 8	72 6	1,495 9	46 3
6	5,578 2	168 5	1,720 2	68 9	1,449 6	44 3
7	5,409 7	161 8	1,651 3	65 5	1,405 3	42 6
8	5,247 9	155 5	1,585 8	62 3	1,362 7	40 8
9	5,092 4	149 3	1,523 5	59 3	1,321 9	39 3
10,0	4,943 1	143 6	1,464 2	56 4	1,282 6	37 7
1	4,799 5	138 1	1,407 8	53 8	1,244 9	36 2
2	4,661 4	132 8	1,354 0	51 2	1,208 7	34 9
3	4,528 6	127 8	1,302 8	48 8	1,173 8	33 5
4	4,400 8	123 1	1,254 0	46 5	1,140 3	32 3
5	4,277 7	118 5	1,207 5	44 4	1,108 0	31 0
6	4,159 2	114 2	1,163 1	42 4	1,077 0	29 9
7	4,045 0	110 0	1,120 7	40 4	1,047 1	28 9
8	3,935 0	106 1	1,080 3	38 7	1,018 2	27 7
9	3,828 9	102 3	1,041 6	36 9	0,990 49	26 77
11,0	3,726 6	98 7	1,004 7	35 3	0,963 72	25 80
1	3,627 9	95 2	0,969 37	33 78	0,937 92	24 89
2	3,532 7	91 9	0,935 59	32 32	0,913 03	24 02
3	3,440 8	88 8	0,903 27	30 93	0,889 01	23 19
4	3,352 0	85 8	0,872 34	29 62	0,865 82	22 38
5	3,266 2	82 8	0,842 72	28 38	0,843 44	21 62
6	3,183 4	80 1	0,814 34	27 19	0,821 82	20 89
7	3,103 3	77 4	0,787 15	26 07	0,800 93	20 19
8	3,025 9	74 8	0,761 08	24 99	0,780 74	19 51
9	2,951 1	72 4	0,736 09	23 98	0,761 23	18 87
12,0	2,878 7		0,712 11		0,742 36	

v	$10^5[1-B(v)]$	Diff.	$10^6 B'(v)$	Diff.	$10^6[1-B^*(v)]$	Diff.
12,0	2,878 7	70 1	7,121 1	230 1	7,423 6	182 5
1	2,808 6	67 8	6,891 0	220 9	7,241 1	176 5
2	2,740 8	65 6	6,670 1	212 1	7,064 6	170 9
3	2,675 2	63 6	6,458 0	203 7	6,893 7	165 4
4	2,611 6	61 5	6,254 3	195 8	6,728 3	160 2
5	2,550 1	59 6	6,058 5	188 2	6,568 1	155 1
6	2,490 5	57 8	5,870 3	180 9	6,413 0	150 2
7	2,432 7	56 1	5,689 4	174 0	6,262 8	145 7
8	2,376 6	54 3	5,515 4	167 4	6,117 1	141 1
9	2,322 3	52 6	5,348 0	161 1	5,976 0	136 8
13,0	2,269 7	51 1	5,186 9	155 1	5,839 2	132 7
1	2,218 6	49 6	5,031 8	149 3	5,706 5	128 7
2	2,169 0	48 1	4,882 5	143 8	5,577 8	124 8
3	2,120 9	46 7	4,738 7	138 6	5,453 0	121 2
4	2,074 2	45 3	4,600 1	133 5	5,331 8	117 6
5	2,028 9	44 0	4,466 6	128 8	5,214 2	114 1
6	1,984 9	42 8	4,337 8	124 1	5,100 1	110 9
7	1,942 1	41 5	4,213 7	119 7	4,989 2	107 6
8	1,900 6	40 4	4,094 0	115 5	4,881 6	104 6
9	1,860 2	39 2	3,978 5	111 5	4,777 0	101 6
14,0	1,821 0	38 1	3,867 0	107 6	4,675 4	98 8
1	1,782 9	37 1	3,759 4	103 8	4,576 6	96 0
2	1,745 8	36 1	3,655 6	100 3	4,480 6	93 3
3	1,709 7	35 0	3,555 3	96 9	4,387 3	90 8
4	1,674 7	34 1	3,458 4	93 6	4,296 5	88 2
5	1,640 6	33 2	3,364 8	90 5	4,208 3	85 9
6	1,607 4	32 3	3,274 3	87 4	4,122 4	83 6
7	1,575 1	31 5	3,186 9	84 6	4,038 8	81 2
8	1,543 6	30 6	3,102 3	81 7	3,957 6	79 2
9	1,513 0	29 8	3,020 6	79 1	3,878 4	77 0
15,0	1,483 2	29 0	2,941 5	76 5	3,801 4	75 0
1	1,454 2	28 3	2,865 0	74 0	3,726 4	73 1
2	1,425 9	27 6	2,791 0	71 7	3,653 3	71 2
3	1,398 3	26 8	2,719 3	69 4	3,582 1	69 3
4	1,371 5	26 2	2,649 9	67 2	3,512 8	67 5
5	1,345 3	25 5	2,582 7	65 0	3,445 3	65 8
6	1,319 8	24 8	2,517 7	63 1	3,379 5	64 2
7	1,295 0	24 3	2,454 6	61 0	3,315 3	62 5
8	1,270 7	23 6	2,393 6	59 2	3,252 8	61 0
9	1,247 1	23 1	2,334 4	57 4	3,191 8	59 5
16,0	1,224 0		2,277 0		3,132 3	

v	$10^5[1-B(v)]$	Diff.	$10^6 B'(v)$	Diff.	$10^6[1-B^*(v)]$	Diff.
16,0	1,224 0	22 4	2,277 0	55 6	3,132 3	58 0
1	1,201 6	22 0	2,221 4	53 9	3,074 3	56 6
2	1,179 6	21 4	2,167 5	52 3	3,017 7	55 1
3	1,158 2	20 9	2,115 2	50 7	2,962 6	53 9
4	1,137 3	20 4	2,064 5	49 2	2,908 7	52 6
5	1,116 9	19 9	2,015 3	47 8	2,856 1	51 3
6	1,097 0	19 4	1,967 5	46 4	2,804 8	50 0
7	1,077 6	19 0	1,921 1	45 0	2,754 8	48 9
8	1,058 6	18 6	1,876 1	43 6	2,705 9	47 8
9	1,040 0	18 1	1,832 5	42 5	2,658 1	46 6
17,0	1,021 9	17 7	1,790 0	41 2	2,611 5	45 6
1	1,004 2	17 3	1,748 8	40 0	2,565 9	44 4
2	0,986 93	16 89	1,708 8	38 9	2,521 5	43 5
3	0,970 04	16 51	1,669 9	37 8	2,478 0	42 5
4	0,953 53	16 14	1,632 1	36 7	2,435 5	41 5
5	0,937 39	15 77	1,595 4	35 7	2,394 0	40 6
6	0,921 62	15 43	1,559 7	34 7	2,353 4	39 6
7	0,906 19	15 08	1,525 0	33 7	2,313 8	38 8
8	0,891 11	14 74	1,491 3	32 8	2,275 0	37 9
9	0,876 37	14 43	1,458 5	32 0	2,237 1	37 1
18,0	0,861 94	14 11	1,426 5	31 0	2,200 0	36 2
1	0,847 83	13 80	1,395 5	30 2	2,163 8	35 5
2	0,834 03	13 51	1,365 3	29 4	2,128 3	34 7
3	0,820 52	13 21	1,335 9	28 6	2,093 6	34 0
4	0,807 31	12 93	1,307 3	27 9	2,059 6	33 2
5	0,794 38	12 66	1,279 4	27 1	2,026 4	32 5
6	0,781 72	12 39	1,252 3	26 4	1,993 9	31 8
7	0,769 33	12 13	1,225 9	25 7	1,962 1	31 1
8	0,757 20	11 88	1,200 2	25 0	1,931 0	30 5
9	0,745 32	11 63	1,175 2	24 4	1,900 5	29 9
19,0	0,733 69	11 39	1,150 8	23 8	1,870 6	29 2
1	0,722 30	11 15	1,127 0	23 1	1,841 4	28 6
2	0,711 15	10 93	1,103 9	22 6	1,812 8	28 0
3	0,700 22	10 70	1,081 3	21 9	1,784 8	27 5
4	0,689 52	10 49	1,059 4	21 5	1,757 3	26 9
5	0,679 03	10 27	1,037 9	20 9	1,730 4	26 3
6	0,668 76	10 07	1,017 0	20 3	1,704 1	25 8
7	0,658 69	9 87	0,996 68	19 85	1,678 3	25 3
8	0,648 82	9 67	0,976 83	19 37	1,653 0	24 8
9	0,639 15	9 48	0,957 46	18 88	1,628 2	24 3
20,0	0,629 67		0,938 58		1,603 9	

v	$10^6 B[1-B(v)]$	Diff.	$10^7 B'(v)$	Diff.	$10^6[1-B^*(v)]$	Diff.
20	6,296 7	852 5	9,385 8	1 654 9	1,603 9	218 4
21	5,444 2	705 3	7,730 9	1 305 6	1,385 5	180 5
22	4,738 9	588 5	6,425 3	1 041 3	1,205 0	150 4
23	4,150 4	495 0	5,384 0	838 6	1,054 6	126 4
24	3,655 4	419 3	4,545 4	681 6	0,928 19	106 98
25	3,236 1	357 6	3,863 8	558 4	0,821 21	91 15
26	2,878 5	306 7	3,305 4	461 1	0,730 06	78 14
27	2,571 8	264 7	2,844 3	383 5	0,651 92	67 39
28	2,307 1	229 6	2,460 8	320 9	0,584 53	58 40
29	2,077 5	200 1	2,139 9	270 3	0,526 13	50 88
30	1,877 4	175 2	1,869 6	228 9	0,475 25	44 52
31	1,702 2	154 0	1,640 7	195 0	0,430 73	39 13
32	1,548 2	136 0	1,445 7	166 8	0,391 60	34 53
33	1,412 2	120 6	1,278 9	143 4	0,357 07	30 59
34	1,291 6	107 2	1,135 5	123 9	0,326 48	27 19
35	1,184 4	95 6	1,011 6	107 5	0,299 29	24 26
36	1,088 8	85 7	0,904 14	93 55	0,275 03	21 70
37	1,003 1	76 9	0,810 59	81 75	0,253 33	19 48
38	0,926 25	69 22	0,728 84	71 71	0,233 85	17 53
39	0,857 03	62 49	0,657 13	63 09	0,216 32	15 82
40	0,794 54	56 57	0,594 04	55 71	0,200 50	14 32
41	0,737 97	51 31	0,538 33	49 32	0,186 18	12 98
42	0,686 66	46 67	0,489 01	43 81	0,173 20	11 80
43	0,639 99	42 53	0,445 20	39 00	0,161 40	10 76
44	0,597 46	38 85	0,406 20	34 83	0,150 64	9 82
45	0,558 61	35 55	0,371 37	31 17	0,140 82	8 99
46	0,523 06	32 60	0,340 20	27 97	0,131 83	8 23
47	0,490 46	29 94	0,312 23	25 16	0,123 60	7 57
48	0,460 52	27 55	0,287 07	22 67	0,116 03	6 96
49	0,432 97	25 40	0,264 40	20 47	0,109 07	6 41
50	0,407 57	23 45	0,243 93	18 53	0,102 66	5 92
51	0,384 12	21 69	0,225 40	16 81	0,096 736	5 473
52	0,362 43	20 08	0,208 59	15 27	0,091 263	5 069
53	0,342 35	18 63	0,193 32	13 89	0,086 194	4 700
54	0,323 72	17 30	0,179 43	12 67	0,081 494	4 366
55	0,306 42	16 09	0,166 76	11 57	0,077 128	4 058
56	0,290 33	14 98	0,155 19	10 59	0,073 070	3 778
57	0,275 35	13 97	0,144 60	9 69	0,069 292	3 523
58	0,261 38	13 04	0,134 91	8 90	0,065 769	3 288
59	0,248 34	12 18	0,126 01	8 18	0,062 481	3 073
60	0,236 16		0,117 83		0,059 408	

v	$10^7[1-B(v)]$	Diff.	$10^8 B'(v)$	Diff.	$10^8[1-B^*(v)]$	Diff.
60	2,361 6	114 1	1,178 3	75 2	5,940 8	287 3
61	2,247 5	106 7	1,103 1	69 3	5,653 5	269 2
62	2,140 8	100 2	1,033 8	64 0	5,384 3	252 3
63	2,040 6	94 0	0,969 79	59 09	5,132 0	236 9
64	1,946 6	88 3	0,910 70	54 66	4,895 1	222 4
65	1,858 3	83 0	0,856 04	50 62	4,672 7	209 2
66	1,775 3	78 2	0,805 42	46 93	4,463 5	196 9
67	1,697 1	73 6	0,758 49	43 57	4,266 6	185 5
68	1,623 5	69 5	0,714 92	40 48	4,081 1	174 8
69	1,554 0	65 5	0,674 44	37 65	3,906 3	165 1
70	1,488 5	61 9	0,636 79	35 07	3,741 2	155 8
71	1,426 6	58 5	0,601 72	32 68	3,585 4	147 4
72	1,368 1	55 4	0,569 04	30 50	3,438 0	139 3
73	1,312 7	52 4	0,538 54	28 47	3,298 7	132 0
74	1,260 3	49 7	0,510 07	26 62	3,166 7	125 0
75	1,210 6	47 0	0,483 45	24 91	3,041 7	118 5
76	1,163 6	44 7	0,458 54	23 32	2,923 2	112 4
77	1,118 9	42 4	0,435 22	21 86	2,810 8	106 7
78	1,076 5	40 3	0,413 36	20 51	2,704 1	101 4
79	1,036 2	38 4	0,392 85	19 24	2,602 7	96 3
80	0,997 85	36 45	0,372 61	18 09	2,506 4	91 8
81	0,961 40	34 70	0,355 52	17 00	2,414 6	87 2
82	0,926 70	33 04	0,338 52	16 00	2,327 4	83 1
83	0,893 66	31 49	0,322 52	15 06	2,244 3	79 2
84	0,862 17	30 03	0,307 46	14 20	2,165 1	75 6
85	0,832 14	28 65	0,293 26	13 38	2,089 5	72 0
86	0,803 49	27 35	0,279 88	12 63	2,017 5	68 8
87	0,776 14	26 12	0,267 25	11 93	1,948 7	65 7
88	0,750 02	24 97	0,255 32	11 26	1,883 0	62 7
89	0,725 05	23 87	0,244 06	10 66	1,820 3	60 0
90	0,701 18	22 83	0,233 40	10 07	1,760 3	57 4
91	0,678 35	21 85	0,223 33	9 55	1,702 9	54 9
92	0,656 50	20 92	0,213 78	9 03	1,648 0	52 6
93	0,635 58	20 04	0,204 75	8 56	1,595 4	50 4
94	0,615 54	19 21	0,196 19	8 12	1,545 0	48 3
95	0,596 33	18 42	0,188 07	7 71	1,496 7	46 3
96	0,577 91	17 67	0,180 36	7 31	1,450 4	44 4
97	0,560 24	16 95	0,173 05	6 95	1,406 0	42 6
98	0,543 29	16 28	0,166 10	6 60	1,363 4	40 9
99	0,527 01	15 63	0,159 50	6 28	1,322 5	39 2
100	0,511 38		0,153 22		1,283 3	

Tabelle 2

Table 2

$B''(v) \quad B^{*\prime}(v)$

$$\frac{\partial}{\partial \lambda} E(\lambda, T) = \frac{\sigma}{\pi c_2^2} T^6 B''(v)$$

$$\frac{\partial}{\partial T} E(\lambda, T) = \frac{4\sigma}{\pi c_2} T^4 B^{*\prime}(v)$$

$$E(\lambda, T) = \frac{2 c_1 \lambda^{-5}}{e^{\frac{c_2}{\lambda T}} - 1} \qquad v = \frac{\lambda T}{c_2}$$

v	$B''(v)$	Diff.	$B^{*\prime}(v)$	Diff.
0,040	1,044 2	10^{-2}	1,305 3	10^{-4}
0,050	3,047 0	10^{-1}	5,078 3	10^{-3}
0,060	2,224 8	10^{0}	4,767 4	10^{-2}
0,060	2,224 8	759 5	0,047 674	19 366
62	2,984 3	914 1	0,067 040	24 688
64	3,898 4	1 073 7	0,091 728	30 72
66	4,972 1	1 233 6	0,122 45	37 39
68	6,205 7	1 389 0	0,159 84	44 63
0,070	7,594 7	1 535 4	0,204 47	52 32
72	9,130 1	1 669	0,256 79	60 31
74	10,799	1 784	0,317 10	68 51
76	12,583	1 881	0,385 61	76 76
78	14,464	1 955	0,462 37	84 92
0,080	16,419	2 005	0,547 29	92 86
82	18,424	2 031	0,640 15	100 46
84	20,455	2 033	0,740 61	107 62
86	22,488	2 011	0,848 23	114 23
88	24,499	1 967	0,962 46	120 2
0,090	26,466	1 900	1,082 7	125 5
92	28,366	1 816	1,208 2	130 0
94	30,182	1 714	1,338 2	133 9
96	31,896	1 597	1,472 1	136 8
98	33,493	1 467	1,608 9	139 0
0,100	34,960		1,747 9	

v	$B''(v)$	|Diff.|	$B^{*\prime}(v)$	|Diff.|
0,10	34,960		1,747 9	
		5 125		701 4
11	40,085		2,449 3	
		1 270		651 2
12	41,355 max.		3,100 5	
		2 091		542 4
13	39,264		3,642 9	
		4 502		405 2
14	34,762		4,048 1	
		5 905		264 0
0,15	28,857		4,312 1	
		6 451		134 7
16	22,406		4,446 8	
		6 374		25 1
17	16,032		4,471 9 max.	
		5 892		62 1
18	10,140		4,409 8	
		5 189		127 7
19	4,951 0		4,282 1	
		4 397 4		173 9
0,20	0,553 62		4,108 2	
		3 604 1		204 2
21	− 3,050 5		3,904 0	
		2 862 5		221 9
22	− 5,913 0		3,682 1	
		2 200 4		229 6
23	− 8,113 4		3,452 5	
		1 628 7		230 1
24	− 9,742 1		3,222 4	
		1 148		225 5
0,25	− 10,890		2,996 9	
		751		217 3
26	− 11,641		2,779 6	
		432		206 8
27	− 12,073		2,572 8	
		178		194 9
28	− 12,251 min.		2,377 9	
		20		182 3
29	− 12,231		2,195 6	
		171		169 7
0,30	− 12,060		2,025 9	
0,30	− 12,060		2,025 9	
		649		302 5
32	− 11,411		1,723 4	
		881		256 7
34	− 10,530		1,466 7	
		971		216 4
36	− 9,558 7		1,250 3	
		975 0		181 9
38	− 8,583 7		1,068 4	
		930 4		152 7
0,40	− 7,653 3		0,915 65	
0,4	− 7,653 3		0,915 65	
		5 389 7		678 77
0,6	− 2,263 6		0,236 88	
		1 497 4		154 23
0,8	− 0,766 16		0,082 650	
1,0	− 3,063 2 10^{-1}		3,544 4 10^{-2}	
1,2	− 1,397 8 10^{-1}		1,752 7 10^{-2}	
1,4	− 7,062 2 10^{-2}		9,605 8 10^{-3}	
1,6	− 3,864 0 10^{-2}		5,686 7 10^{-3}	
1,8	− 2,252 8 10^{-2}		3,574 4 10^{-3}	
2,0	− 1,383 2 10^{-2}		2,356 6 10^{-3}	
2	− 1,383 2 10^{-2}		2,356 6 10^{-3}	
4	− 5,122 3 10^{-4}		1,496 0 10^{-4}	
10	− 5,782 3 10^{-6}		3,846 5 10^{-6}	
40	− 5,921 7 10^{-9}		1,503 7 10^{-8}	
100	− 6,121 2 10^{-11}		3,849 7 10^{-10}	

Tabelle 3

3., 4., 5. und 6. Potenzen der absoluten Temperaturen T

Table 3

3rd, 4th, 5th and 6th powers of the absolute temperature T

$$T_{°K} = T_{°C} + 273{,}15$$

Temperatur Temperature	T^3		T^4		T^5		T^6	
0° C	2,038	10^{7}	5,567	10^{9}	1,521	10^{12}	4,153	10^{14}
10	2,270		6,428		1,820		5,153	
20	2,519		7,385		2,165		6,347	
30	2,786		8,446		2,560		7,761	
40	3,071		9,616		3,011		9,430	
50	3,375		1,090	10^{10}	3,524		1,139	10^{15}
60	3,698		1,232		4,104		1,367	
70	4,041		1,387		4,758		1,633	
80	4,404		1,555		5,493		1,940	
90	4,789		1,739		6,316		2,294	
100	5,196		1,939		7,235		2,700	
200	1,059	10^{8}	5,012		2,371	10^{13}	1,122	10^{16}
300	1,883		1,079	10^{11}	6,185		3,545	
400	3,050		2,053		1,382	10^{14}	9,304	
500	4,622		3,573		2,763		2,136	10^{17}
600	6,657		5,812		5,075		4,431	
700	9,216		8,968		8,728		8,493	
800	1,236	10^{9}	1,326	10^{12}	1,423	10^{15}	1,527	10^{18}
900	1,615		1,894		2,222		2,607	
1000	2,064		2,627		3,345		4,259	
1000° K	1,000	10^{9}	1,000	10^{12}	1,000	10^{15}	1,000	10^{18}
1200	1,728		2,074		2,488		2,986	
1400	2,744		3,842		5,378		7,530	
1600	4,096		6,554		1,049	10^{16}	1,678	10^{19}
1800	5,832		1,050	10^{13}	1,890		3,401	
2000	8,000		1,600		3,200		6,400	
2200	1,065	10^{10}	2,343		5,154		1,134	10^{20}
2400	1,382		3,318		7,963		1,911	
2600	1,758		4,570		1,188	10^{17}	3,089	
2800	2,195		6,147		1,721		4,819	
3000	2,700		8,100		2,430		7,290	
4000	6,400		2,560	10^{14}	1,024	10^{18}	4,096	10^{21}
5000	1,250	10^{11}	6,250		3,125		1,563	10^{22}
6000	2,160		1,296	10^{15}	7,776		4,666	
7000	3,430		2,401		1,681	10^{19}	1,176	10^{23}
8000	5,120		4,096		3,277		2,621	
9000	7,290		6,561		5,905		5,314	
10000	1,000	10^{12}	1,000	10^{16}	1,000	10^{20}	1,000	10^{24}

Tabelle 4

Hilfstabelle für $v = \frac{\lambda T}{c_2}$

λ Wellenlänge in cm

T Temperatur in Kelvin-Graden
$T = T_{°K} = T_{°C} + 273{,}15$

$c_2 = 1{,}438$ cm grad

1. Bei der Berechnung von v muß λ in cm und T in Grad Kelvin eingesetzt werden. Am Tabellenrand sind aber zur bequemeren Benutzung die Wellenlängen in μ (10^{-4} cm), die Temperaturen teilweise in Grad Celsius und teilweise in Grad Kelvin angegeben.

2. Die Proportionalität zwischen v und den beiden Variablen λ und T bringt es mit sich, daß aus der Tabelle auch v-Werte entnommen werden können, die zu anderen Zehnerpotenzen der Wellenlänge λ oder der Temperatur T in Kelvin-Graden gehören. Es genügt dazu, das Komma entsprechend zu verschieben. Dagegen ist dies natürlich nicht zulässig bei den Angaben in Celsius-Graden.

3. Tabelle 4 — und nur sie — wird ungültig, wenn für c_2 ein anderer Zahlenwert als oben angegeben benutzt wird.

Table 4

Auxiliary table for $v = \frac{\lambda T}{c_2}$

λ Wave length in cm

T Temperature in degrees Kelvin
$T = T_{°K} = T_{°C} + 273.15$

$c_2 = 1.438$ cm deg

1. For the calculation of v, λ must be in cm and T in degrees Kelvin. For convenience, the wave lengths in Table 4 are given in μ (10^{-4} cm), and the temperature is given partly in degrees Centigrade, partly in degrees Kelvin.

2. The fact that v is proportional to λ and T permits the obtaining of values for v corresponding to values of the wave length λ and the absolute temperature T differing from the given values by powers of ten; it is then sufficient to move the decimal point the appropriate number of places. This is of course not permissible for the temperature in degrees Centigrade.

3. Table 4 is the only table which depends on a specific choice of the constant c_2, and is invalid for any value of c_2 other than that given above.

	3μ	4μ	5μ	6μ	7μ
0° C	0,056 99	0,075 98	0,094 98	0,113 97	0,132 97
10	059 07	078 76	098 45	118 14	137 83
20	061 16	081 54	101 93	122 32	142 70
30	063 24	084 33	105 41	126 49	147 57
40	065 33	087 11	108 88	130 66	152 44
50	0,067 42	0,089 89	0,112 36	0,134 83	0,157 31
60	069 50	092 67	115 84	139 01	162 17
70	071 59	095 45	119 31	143 18	167 04
80	073 68	098 23	122 79	147 35	171 91
90	075 76	101 02	126 27	151 52	176 78
100	0,077 85	0,103 80	0,129 75	0,155 70	0,181 64
200	098 71	131 61	164 52	197 42	230 32
300	119 57	159 43	199 29	239 14	279 00
400	140 43	187 25	234 06	280 87	327 68
500	161 30	215 06	268 83	322 59	376 36
600	0,182 16	0,242 88	0,303 60	0,364 32	0,425 04
700	203 02	270 70	338 37	406 04	473 72
800	223 88	298 51	373 14	447 77	522 40
900	244 75	326 33	407 91	489 49	571 07
1000	265 61	354 14	442 68	531 22	619 75

	0,3μ	0,4μ	0,5μ	0,6μ	0,7μ
1000° K	0,020 86	0,027 82	0,034 77	0,041 72	0,048 68
1200	025 03	033 38	041 72	050 07	058 41
1400	029 21	038 94	048 68	058 41	068 15
1600	033 38	044 51	055 63	066 76	077 89
1800	037 55	050 07	062 59	075 10	087 62
2000	0,041 72	0,055 63	0,069 54	0,083 45	0,097 36
2200	045 90	061 20	076 50	091 79	107 09
2400	050 07	066 76	083 45	100 14	116 83
2600	054 24	072 32	090 40	108 48	126 56
2800	058 41	077 89	097 36	116 83	136 30
3000	0,062 59	0,083 45	0,104 31	0,125 17	0,146 04
4000	083 45	111 27	139 08	166 90	194 71
5000	104 31	139 08	173 85	208 62	243 39
6000	125 17	166 90	208 62	250 35	292 07
7000	146 04	194 71	243 39	292 07	340 75
8000	0,166 90	0,222 53	0,278 16	0,333 80	0,389 43
9000	187 76	250 35	312 93	375 52	438 11
10000	208 62	278 16	347 71	417 25	486 79

	8μ	9μ	10μ	20μ	30μ
0° C	0,151 96	0,170 96	0,189 95	0,379 90	0,569 85
10	157 52	177 21	196 91	393 81	590 72
20	163 09	183 47	203 86	407 72	611 58
30	168 65	189 73	210 81	421 63	632 44
40	174 21	195 99	217 77	435 54	653 30
50	0,179 78	0,202 25	0,224 72	0,449 44	0,674 17
60	185 34	208 51	231 68	463 35	695 03
70	190 90	214 77	238 63	477 26	715 89
80	196 47	221 03	245 58	491 17	736 75
90	202 03	227 28	252 54	505 08	757 61
100	0,207 59	0,233 54	0,259 49	0,518 98	0,778 48
200	263 23	296 13	329 03	0,658 07	0,987 10
300	318 86	358 72	398 57	0,797 15	1,195 7
400	374 49	421 30	468 12	0,936 23	1,404 3
500	430 12	483 89	537 66	1,075 3	1,613 0
600	0,485 76	0,546 48	0,607 20	1,214 4	1,821 6
700	541 39	609 06	676 74	1,353 5	2,030 2
800	597 02	671 65	746 28	1,492 6	2,238 8
900	652 66	734 24	815 82	1,631 6	2,447 5
1000	708 29	796 83	885 36	1,770 7	2,656 1

	0,8μ	0,9μ	1,0μ	2,0μ	3,0μ
1000° K	0,055 63	0,062 59	0,069 54	0,139 08	0,208 62
1200	066 76	075 10	083 45	166 90	250 35
1400	077 89	087 62	097 36	194 71	292 07
1600	089 01	100 14	111 27	222 53	333 80
1800	100 14	112 66	125 17	250 35	375 52
2000	0,111 27	0,125 17	0,139 08	0,278 16	0,417 25
2200	122 39	137 69	152 99	305 98	458 97
2400	133 52	150 21	166 90	333 80	500 70
2600	144 65	162 73	180 81	361 61	542 42
2800	155 77	175 24	194 71	389 43	584 14
3000	0,166 90	0,187 76	0,208 62	0,417 25	0,625 87
4000	222 53	250 35	278 16	556 33	0,834 49
5000	278 16	312 93	347 71	695 41	1,043 1
6000	333 80	375 52	417 25	834 49	1,251 7
7000	389 43	438 11	486 79	973 57	1,460 4
8000	0,445 06	0,500 70	0,556 33	1,112 7	1,669 0
9000	500 70	563 28	625 87	1,251 7	1,877 6
10000	556 33	625 87	695 41	1,390 8	2,086 2